U0101091

越郁

抑郁症自助手册

BREAKING FREE

A Self-Help Manual for Depression

孙欣羊 ——— 著

上海社会科学院出版社
SHANGHAI ACADEMY OF SOCIAL SCIENCES PRESS

推荐序

此时代，人心备受磨难。最深的伤痛并非来自癌症等外在痛苦，而是过量服药和自杀反映出来的内在伤痛。身为父母，情绪之痛、冤屈之苦和心理焦灼感难以名状。身为孩子，在这个严酷的世界中深觉自我身份感的困惑，遍寻不到生命价值和意义的绝望，不禁要问：我到底要怎么活下去？

孙欣羊医生自身历经磨难与愁苦，在环境里熬炼出更新的视角，深感负有使命，要为那些绝望中的人们带来希望，为那些独自受苦中的人们传递爱意，为那些没有力量再活下去的人们带来慰藉。因为孙医生懂得他们。

在这本书中，你会学到面对这些苦难问题所需要的技能和知识。我推荐此书，不仅是因为其内容具有专业性，回应国人当下的需求，更是因为作者孙医生其勇气与善意。他从自身的苦痛经历中学习成长，不以其经历中的软弱为耻，分享其蜕变经历带来的重生力量。这种勇气使孙医生成为一位了不起的医生，一位愿意倾听痛苦且服务众人的领导者，一位当今时代真正的英雄。

孙医生以其精湛的精神科知识以及在美国知名大学临床心理学硕士项目的客座教授身份而具备独特的资质分享此书内容。

各位读者，请知道你们痛苦中的呐喊并非徒劳无益，疼痛的能量正在你们的心里起作用。这本书将带你看到疗愈的开始。来读一读吧，试试看。也分享给你身边所爱的朋友们！

黄伟康博士

Foreword

We live in a time of profound human sufferings: When "the deepest wounds are those you cannot see from the outside" where deaths from suicides and drug overdoses are more than those who die of cancer! The emotional pains, grievances and psychological sufferings of parents are deep, yet unspeakable. The despairs and confusions of their children seeking for life's meaning and significance are valid, caused by feelings of hopelessness, especially in their identity and significance in this cruel world! "How then shall we live?"

Dr. Daniel Sun was a man with many sufferings and sorrow but he has transformed them by a higher power and he is deeply burdened to offer hope for those with despairs, offering love for those who suffers alone and silently, survival-meaning for those without the strength to live one more day! Dr. Sun understands them.

In this book, you will find the needed skills

and knowledge to provide answers to most of these questions. I recommend and endorse this volume not only because the contents are clinical accurate and timely；I do so because you are reading the work of a good and courageous author！How he has learned from his private pains and personal sufferings，but willing to humble himself to share his experience of transformation by exposing his vulnerabilities，and this valor makes Dr. Sun a great man：An excellent leader who listens to the pain and can rise to the occasion to serve，and this makes him a true modern-day hero！

Dr. Sun is uniquely qualified with his psychiatric-medical knowledge，his Ph. D credentials and experience as an adjunct professor of Chinese Clinical Counseling master's program from an acclaimed and accredited university in the west.

The voice of the sufferings is not in vain，it has been heard！The power of your pain is at work！The beginning of the healing and prevention can be found in this book. Read it，Use it！And please gift it to your friends and those you love！

Dr. Melvin Huang

作者自序

“抑郁症”将以席卷之势横扫全球。

疫情之前，有数据显示，全球抑郁症患者多达3.5亿[①]，中国抑郁症患者将近9 500万[②]。

疫情之后，单在中国，就有数据显示抑郁症患者增加了7 000万[③]。在这当中，青少年占比越来越高。根据中科院心理所发布的国民心理健康研究(2021—2022)，18—24岁年龄组的抑郁风险检出率达24.1%。

这些数字可谓触目惊心！

多么希望这只是危言耸听！

如果抑郁症是发生在别人身上，就算再怎么严

---

① 数据来源：World Health Organization. Depression and other common mental disorders：global health estimates［R］. Geneva：WHO，2017。

② 数据来源：HUANG Y，WANG Y U，WANG H，et al. Prevalence of mental disorders in China：a cross-sectional epidemiological study［J］. The Lancet Psychiatry，2019，6（3），211－224。

③ 数据来源：ZENG N，ZHAO Y M，YAN W，et al. A systematic review and meta-analysis of long term physical and mental sequelae of COVID－19 pandemic：call for research priority and action［J］. Mol Psychiatry，2023，28(1)，423－433。

重，好像都与我无关。

数位明星因抑郁症自杀引起强烈的社会反响，大家对抑郁症产生了“闻郁色变”的反应，甚至觉得抑郁症就像绝症一样，一旦得上，必死无疑（当然这是误解）。但也就是在听说某某明星因为抑郁症自杀时感慨一下而已，“唉！抑郁症真可怕，害死了这么多人”。

可当身边的家长说，“我的孩子抑郁很久了，昨天跳楼自杀了！”这时候，恐怕谁都不能不为所动。

“啊？什么？你说什么？你的孩子？就是那个阳光帅气的××？他跳楼了？”一时间，痛心疾首。

心想，真不敢相信这么好的孩子居然就这么说没就没了。

心想，我的孩子可千万不要抑郁啊！

不争的事实是，越来越多的孩子抑郁了，越来越多的大人也抑郁了。

这到底是一个怎样的时代，又是一个怎样的世代，为何会有这么多人抑郁？！

疫情之前，国人压力已经是前所未有。后疫情时代，工作压力越来越大，各种危机不断，创业亦艰难。

有些负责赚钱养家的爸爸因为工作压力焦头烂额，加之如果不被家人理解，就更容易心灰意冷，发生抑郁。有些负责管理孩子学习的妈妈因为教育的内卷而筋疲力尽，无法控制自己嘶吼的脾气，加之如果得不到配偶的支持，就更容易感觉势单力薄、形单影只、无助无力，进而发生抑郁。社会压力、学校压力和家庭压力一层一层渗透到了刚好踏进青春期的孩子身上。百般无力挣扎后，终于缴械投降，孩子抑郁了。

外在压力是重要的因素，但也少不了内在的特质因素。

内向的性格，不善表达的情绪模式，人际关系中的不合群和孤僻，缺少应对压力的能力，从未被培养起来的兴趣爱好，无法感受到达成目标的成就感和效能感，无法耐受挫败的心理承受力以及怎么都无法提升起来的自我价值感等，都是内在特质因素。

外在和内在因素里应外合促成了抑郁。一旦抑郁到了严重的程度，可能会万念俱灰，生无可恋。这个时候，特别容易有自杀风险。

抑郁之后，千里跋涉来到北上广深，花高价好不容易挂到了专家号，等了很久却只换来医生有限的时间，开了一大堆药回家。吃了几天，副作用太大，就自行停药不吃了。心急如火燎，却又求救无门，不知道患上这抑郁症到底该怎么办！

多年以来，看到公众对“抑郁症”有如此之多的恐惧、困惑和误解，笔者心中早已萌生一个想法，就是想要写一本关于抑郁症的科普书，而且是谁都读得来的科普书。

经过多年观察了解，笔者发现，关于抑郁症书籍的作者，他们要么本身是抑郁症患者，要么是抑郁症孩子的家长，要么是心理咨询师或心理学从业者，要么是科研工作者，少数精神科医生针对抑郁症的书也大多不是直接撰写，而是做主编或编著，即便国外少数精神科医生针对抑郁症的专注也多是从精神科医生角度的单一临床视角，几乎从来没有看到过一本关于抑郁症的著作是从抑郁症患者、孩子家长、精神科医生、心理咨询师、科研工作者、精神心理行业全局视角者等六大角度综合看待抑郁症的。

如果作者只是或只能从单一视角看待抑郁症，那恐怕在这个视角里再精深，也难免偏颇。

精神科医生看待抑郁症的视角，会着重关注(如果不是过度关注的话)药物治疗的部分，因为他们懂药物机理，经历较多药物治疗带来的效果，比如药物可以改善睡眠、增加饮食，可以提升体力和动力，可以稳定情绪、提升兴趣，可以改善专注力和记忆力，可以改善基础认知并提升脑功能，可以由此改善学习和工作效率，进而改善社会功能。因此，他们对药物更有信心，对控制药物副作用更有把握。

然而，中国大部分精神科医生不做心理咨询和心理治疗。他们在面对抑郁者时，更多是从神经生物学、神经化学、神经药理学和精神病学角度看待抑郁症。

心理咨询师看待抑郁症的视角，会着重关注抑郁症背后心理逻辑的部分，探索抑郁症形成的心理机制，与过去或当下的哪些因素有关。心理咨询师更多是从认知、情绪和行为等角度看待抑郁症，哪些认知出了偏差，哪些情绪模式需要调整，哪些行为需要适应化处理。梳理出这些心理逻辑，就有机会打开心结，疏通卡点，激发能量，进而改善自我关系、人际关系和社会功能。

可是，当患者问咨询师："我吃了这个药物副作用太大，我想停药，你看可以吗""我觉得我不需要吃药，就能好起来，吃药太难受了""我最讨厌看精神科医生了，他们高高在上、自以为是"，这时咨询师也不知道该如何回答才好，因为没有精神病学和药理学的受训背景和资质，无法给出判断和建议。

科研工作者看待抑郁症的视角，会着重关注临床科研的部分，更多是从流行病学角度看待，即把抑郁症当成一种研究对象来看待，比如抑郁症到底是和遗传因素相关更多，还是和后天环境因素相关更多，什么样的治疗方法带来什么效果，各种治疗方法比较起来的利弊有哪些。

可是，科研工作者如果没有在临床上真正接诊过抑郁症患者，没有亲身实践过不同的治疗方法，恐怕所研究的成果也只是纸上谈兵，缺乏临床治疗的实战经验。

抑郁症孩子父母的视角可谓独树一帜，他们有为人父母的强大。虽然他们没有专业背景，但单单是为了救自己的孩子，凭借多年努力的学习，俨然已经成为具备很多专业知识的业余中的专业者，可以帮助自己的孩子和其他人。笔者很钦佩这样的家长。

话说回来，这些家长毕竟不是专业科班出身，在精神心理专业基本功上、学习专业知识的视角上以及在专业知识基础上的技能实践上都有可能有偏颇之处。笔者绝对相信这些努力学习的家长已经成为一股不可或缺的力量活跃在抑郁症孩子的父母队伍中，助己助人。

抑郁症的确是没有经历过就无法真正体会的病症。只有亲身经历体验过，才能够真正共情，才能理解抑郁者的心路历程。

笔者曾经在高中阶段就开始有抑郁倾向，在大学阶段出现明显的抑郁症状，在毕业后抑郁症发作严重，经历过4—5年严重的抑郁之痛，甚至在疗愈后十余年的时间里不断经受抑郁濒临复发的挑战。这种如临深渊的危机感和与抑郁症奋力搏杀的心路历程，恐怕只有经历过的人才能体会。

成为父亲之前，笔者就带着担心、焦虑和恐惧的心情，想着如何帮助尚在母腹中的儿女规避抑郁症的遗传影响，为他们祈祷，不要让孩子陷入抑郁症的痛苦中。等到做了父亲很多年，发现他们乐观开朗，对压力有承受能力，终于意识到他们生活成长的环境与自己当年已经大有不同，且拥有了对抗抑郁更有利和有力的资源和条件，担心遂释。

在过去18年的临床经验中，笔者诊疗过成千上万患者，其中抑郁症患者估计占比在60%以上；在过去十余年的心理咨询和心理治疗经历中，以不同流派技术帮助陪伴青少年及成年抑郁者不计其数；笔者也曾以企业高管视角看待和见证中国精神心理行业的发展历程、商业模式探索过程和不断试错所付出的沉重代价；从2016年开始，笔者通过网上微课和微信公众号做抑郁症公益科普工作，进行过近百次讲座，发布原创文章百余篇，以自身经历共鸣抑郁症患者内心深处的绝望。

既然抑郁症以如此暴戾之势席卷而来，多重身份集于一身的笔者深感责无旁贷，要写这样一本关于抑郁症的科普书，甚至这件事的使命感已经超越了笔者很多的个人考量，觉得不管怎么样都要做，且要全力以赴地做。

即便笔者在这诸多角色之中仍然有体会不深、视角狭隘和专业不精等不足，但如果能为大家可见一斑地了解抑郁症提供参考即感欣慰。

关于抑郁症的研究，目前为止，远不能说是完全，还有很多未解之谜，但目前研究已经在很大程度上可以帮助抑郁者走出阴霾，重见光明。

在笔者个人临床工作中，有超过90％的抑郁者实现了疗愈和康复，希望这本书也可以帮到你和你的孩子。

孙欣羊

2024年1月9日

目录

第一章

抑郁症
到底是什么病

抑郁症到底是什么病

“抑郁症”这个名词，在近些年受到公众的极大关注。

不管是普通人因为抑郁症跳楼，还是明星因为抑郁症自杀，抑郁症都让大众觉得到了“闻郁色变”“闻郁生畏”的地步。

抑郁症到底是什么妖魔鬼怪，如此可怕?! 好像一旦得了抑郁症，就无法摆脱其魔爪，必死无疑。真的有这么可怕吗?

抑郁症看不见摸不着，不管是用常规影像学方法，如X射线摄影、CT、MRI，还是用特殊影像学方法，如SPECT、PET，又或是用其他方法，如B超、心电图、脑电图等，都无法捕捉它在身体的哪个部位，具体长什么样，大小如何，什么形状，什么颜色，什么质地，都无从知道。

这种既看不见又摸不着却在肆无忌惮地侵害着我们的感觉实在让人抓狂。

抑郁症到底是心理问题，还是病理问题?
到底是躯体问题，还是精神问题?
到底是遗传问题，还是环境问题?
到底是外在问题，还在内在问题?
到底是药物治疗，还是心理治疗?
到底是物理治疗，还是手术治疗?

如果我们连抑郁症属于哪一类问题都说不清楚，就无法有效解决这个问题，因为方法不对。

要想知道抑郁症是什么，首先需要知道抑郁症不是什么。

一、对抑郁症的误解

笔者依据多年临床经验，总结出来以下对抑郁症的常见误解。

误解1　抑郁症就是因为想太多，不是什么大问题

如果每个“想太多”的人都会得抑郁症，恐怕那些3至6岁、每天十万个为什么问不停的孩子都会抑郁，那些每天做科学研究、思考深邃议题的大学教授也都要抑郁了，那些每天在绞尽脑汁思考如何角力和如何管理的政客与管理者们也都要抑郁了。

他们当中的确有人会抑郁，但不是都会抑郁。

抑郁者的确会想很多，但“想太多”到底是抑郁的因还是果？是因为“想太多”而抑郁，还是因为抑郁而“想太多”，这是这个问题的一体两面。

抑郁者或许在病前已经有喜欢思考的特点，但这种“想太多”并非造成抑郁的唯一因素，而是诸多因素的影响综合促成抑郁的发生。在抑郁成病之后，“想太多”又变成了维持和加重抑郁的症状。

除了从客观理性角度分析抑郁是不是就是因为“想太多”之外，还需要考虑这种表达对抑郁者来说有没有帮助。不能只关注理论正确，却忽略了实际效用。

抑郁者的确会想很多，尤其是对过去不良事件的纠结，会过度思考，会内耗很多。但当我们这样对抑郁者说，“你就是想太多，不去想那么多你就不抑郁了”，抑郁者并不会觉得，“天哪，你说得太对了，我怎么从来没意识到我抑郁就是因为自己想太多呢，你真是一语惊醒梦中人啊”。然后他从此以后就不再抑郁了，这是不可能发生的事情。

实际发生的情况可能恰恰相反，抑郁者会觉得，“你怎么知道我想太多”“什么叫想太多”“你不是我，你怎么能体会我在想什么”“你就是站着说话不腰疼”“你懂个屁”。

请理解，抑郁者的“想太多”是一种无法自我控制的过度思考，他们的思想、情绪和行为都有失控性，身不由己。请多体谅他们的无助和无力，少说理论上貌似正确却缺乏实际效用的空话，别让他们本来就已经很痛苦的内心雪上加霜。

误解2　抑郁症就是因为太脆弱，心理承受力不足

凡是这样说的人几乎都是没有得过抑郁症的人。一个体会过抑郁痛苦的人很难说出这样的话。正是因为有太多人没有体会过抑郁症，却自以为是地认为自己了解抑郁症，才会对抑郁症患者指手画脚，觉得应该这样或应该那样。这些人中也包括缺乏同理心的精神科医生和心理咨询师。

有些非专业人士觉得自己也有过抑郁情绪，所以知道抑郁症是怎样的。但如果没有经过专业诊断，他们所认为的抑郁情绪恐怕还不到抑郁症的程度，所以为的抑郁症也只是以为而已。没有经历过死荫的幽谷，就无法体会抑郁者到底在经历什么。

抑郁者的脆弱是事实，但这个事实不是外人用来评价、分析或归咎的。因为脆弱虽然是事实，但并非事实的全貌。如果把抑郁症单纯归结于抑郁者的脆弱，这就好像是说抑郁者的脆弱是可掌控的，“你脆弱，你才抑郁”“你不脆弱，你就不抑郁”“你允许自己脆弱你就脆弱，你不允许自己脆弱你就不脆弱”，这既不客观，也不科学。

事实上，要不要脆弱这件事，在发病期间，抑郁者几乎完全无法掌控。如果可以自如地掌控要不要脆弱这件事，那么很可能本身并没有抑郁。

所以，“抑郁者之所以抑郁就是因为太脆弱”这种说法只是一种片面事实，且几乎毫无实际帮助，反而会让抑郁者觉得更不被理解。

误解3 抑郁者就是因为太自我关注

抑郁者的确会自我关注，但并非通常所说的自我关注。

通常所说的自我关注背后的画外音是“我很关注我自己的每个细节，希望每个细节都很好、更好”，这是一种上进式或自恋式的自我关注。而抑郁者的自我关注的画外音是“我太糟糕了”“我已经受够我自己了”“我就是一个烂人”“我就是一个废人”。而且，这样消极负面的自我关注并不是抑郁者想不关注就可以做到的。

抑郁者的自我关注是因为思维方式和认知模式受损，造成对负面事情的反复纠缠，进而引发对自我的负面看待，使自己陷入负面情绪的深渊，无法自拔。他们常常会感到内疚、自责，甚至会自我攻击。

让抑郁者不要太关注自己的说法，仍然是误认为“抑郁者是对这种自我关注有掌控力的”，其实他们在病症状态下，对此并没有掌控力。

因此，说抑郁者就是因为太自我关注，实际上又是犯了一个“谁是因谁是果”的逻辑错误。或许在抑郁前，抑郁者已有自我关注的特点，但抑郁让自我关注这件事成了一个症状，而并非抑郁的原因。

误解4 抑郁症都是原生家庭的问题造成的

从心理学来到中国初期直到现在，原生家庭理论真是遍布神州大地。人人都在谈论原生家庭，好像孩子出了问题，都是家长惹的祸，就连长大成人的孩子性格不好或心理有问题，也都是家长培养得不好，好像一个原生家庭理论就可以解释一切。

原生家庭是指一个人在出生后所处的家庭环境，这个环境主要包括父母和兄弟姐妹，有些情况下还包括生活在这个家庭中的其他家人。除了这些家人，原生家庭的影响还包括父母对孩子的教养方式、父母彼此之间的情感模式以及所有居住在这个家庭中的家人在彼此互动中所形成的家庭氛围对孩子的心理成长造成的综合影响。

不可否认，一个人在很大程度上受到原生家庭的影响，甚至很多心理理论认为原生家庭的影响可能会持续一生之久，很难改变。笔者绝不否认原生家庭的影响，承认原生家庭既可以给孩子带来一生的幸福，也可以给孩子带来无法磨灭的痛苦记忆。但同时也需要认识到，人在成长过程中不单单受到原生家庭的影响，还受到自身的成长经历、自我认知系统的重塑、自我意识和观念的重建等因素的影响。

大脑神经可塑性理论指出，那些在原生家庭中受到很糟糕的初始影响的个体，仍然可以在后续成长过程中不断重塑自己的神经通路，重塑大脑认知以及对事件场景的反应模式。

在人自我意识的成长过程中，尤其是在成年后，离开原生家庭、进入新环境和新世界，有机会接触到和原生家庭完全不同的场景、理念、思想和文化，人在这时有机会建立自己的第二认知系统。这个第二认知系统是相对于在原生家庭环境中形成的第一认知系统而言的。到底是要固守原生家庭形成的理念，还是依据自我意识的判断重建一个新的理念，这是每个人都有机会选择的。在这个第二认知系统里，人有机会选择与原生家庭完全不同的理念和生活方式。

这就提出了一个新议题：如果人在未成年时，在原生家庭的影响和桎梏之下抑郁了，那么他可以说自己很难摆脱父母的不良影响，父母在很大程度上造成了抑郁。但如果人已经成年，甚至已经离开原生家庭、离开父母，那么他也许可以建立起自己自主的认知系统，包括对事情的认知和应对、对生活的情绪感受、对人生的主见和态度。这些新的认知模式和应对方式是否可以帮助应对抑郁？

从另一个角度来说，不管是否成年，不管是否离开原生家庭，不管造成抑郁是谁的错更多，改变抑郁现状、得到康复疗愈的责任始终在自己身上。家长或许可以在最初给到一些初始动力，但最终的责任始终在自己身上，因为每个人都需要找到自己安身立命的方式。

再从另一个角度说，所谓的原生家庭好的环境下成长起来的孩子就一定不会抑郁吗？未必。我们真的不知道到底什么才叫好的原生家庭。

所谓的原生家庭环境好，如果只是父母不吵架，对孩子疼爱有加，经济条件足够满足孩子所有的需求，那么如何解释，这样的孩子一旦到了独立的环境上大学就开始出现问题，甚至得抑郁症呢？可能的解释就是太好的家庭环境剥夺了孩子暴露在压力之下受训的机会，致使心理承受力、耐受力严重不足，这也是抑郁症发病的重要影响因素。

误解5　得抑郁症就是因为太丑了，长得漂亮就不会得抑郁症

有些人对容貌过度看重，以至于对自己的容貌怎么都不满意，因此而郁郁寡欢，甚至产生自卑心理，总觉得好像“只要我变得好看了，就不会抑郁了”。

事实上，很多抑郁症患者容貌很美。但问题是，再美的容貌在抑郁者的心中都变得索然无味，因为他无法体会美感，不但是自己的美无法体会，美物、美景、美食他都体会不到。所以，美貌已经与他无关，甚至在偏差的认知中，他还会认为自己丑。

误解6　得抑郁症都是因为没朋友，朋友多的人就不会得抑郁症

人天生具有社会属性。这种属性决定了人需要与人互动、联结、相伴。当人没有朋友，没有伙伴，确实容易抑郁。但有了朋友，有了伙伴，就一定不抑郁吗？也未必。

有些抑郁症患者对朋友有很高期待，只要朋友有一点不能理解自己，就会觉得很失望、很不开心、很不满足，就想要逃离。这并不是在说抑郁者挑剔，而是已经病了的内心承受不住误解的压力，也没有力气去做太多解释。他们太渴望被理解、被看见。如果得不到，就会想索性远离人群，因为太累了，仿佛再多的朋友也无法走进内心。

误解7　抑郁症如此之多就是因为这个时代压力太大了

压力是抑郁症的直接相关因素，没错！但不是说抑郁症可以完全归因于压力这种外在因素，恐怕这样的看法有些偏颇。

抑郁症的发病是外在因素和内在因素相结合综合促成的结果。外在因素包括各种各样的压力，比如持续存在的压力、突发的压力事件。内在因素包括基因的遗传因素、敏感的神经特质、超强的情绪感受力、不善表达的沟通方式、孤僻的性格特点等。这些外在因素和内在因素里应外合造成抑郁症的发病。

误解8　得抑郁症都是因为太穷了，富人不会得抑郁症

抑郁症这件事的影响因素是否包括经济水平？据笔者有限的理解，不管经济状况好或不好，都可能得抑郁症。

穷人因为太多的生活限制，无法达成所愿，无法享受物质带来的欲求满足感，汗流满面才得糊口，这的确容易让人抑郁。

但抑郁者中也不乏很多有钱人，他们过着很多人梦寐以求的生活，住着别墅豪宅，开着光鲜好车，吃着山珍海味，但他们的心里并不快乐，因为不管经济多么富裕，也总有无法通过金钱改变的事件现状和关系状态，这才是更让人痛苦的。况且，就算金钱已经达到通天的地步了，可以实现几乎所有的人生愿景了，当人的欲求达到过满足的状态，就会产生厌腻感和虚空感。这种厌腻感和虚空感也会让人抑郁。

误解 9　得抑郁症都是因为没文化，受教育水平高的人不会得抑郁症

大众对这里说的“没文化”可能会理解为没有读过太多书，所以对抑郁症的了解不够，对生活事件的认知不够。

的确，抑郁症的发病机理和认知有密切关系。但受教育水平和认知水平并非因果关系，意即受教育水平高，认知水平不一定就高；受教育水平低，认知水平也不一定就低。它们之间可能有相关关系，即受教育水平影响认知水平，但并非因果关系。

实际上，很多抑郁症患者都受过高等教育，他们可能在很多事情上有知识，但知识尚未通达时，可能被知识牵绊；反而是那些没有受过高等教育的人更不容易被知识所牵绊。

误解 10　抑郁症只要出去旅游散散心就好了

出去旅游散心可以带来环境的转换，让固定环境下的思维模式有机会被打破，带来焕然一新的感觉。没错，对很多非抑郁者是这样的。

但当一个人陷入严重的抑郁状态，他的心几乎是与这个世界隔离的，就算是面对美物、美食、美景，恐怕都是心存隔膜，无法真正体会它们的美好。因此，不一定说出去旅游散心就可以打破隔离。

误解 11　抑郁症只要扛一扛就过去了

这种话千万不要随便对抑郁者说，因为你不知道他们抑郁的严重程度。有些抑郁者在扛着扛着的过程中，自杀风险越来越严重，最后付诸行动。

抑郁症是一种病症。如果是一种病症,那么有谁可以说单纯靠自己的意志力就把"病"扛过去的?!或许有少数抑郁症患者扛过去的案例,但并非常规情况。

抑郁症到了严重程度,就需要及时就医,需要药物治疗就做药物治疗,需要心理治疗就做心理治疗,需要物理治疗就做物理治疗,不然只会越来越严重,直到造成严重后果。有些轻度抑郁症,或许可以扛过去,但如何知道不会越来越严重呢?而且得了抑郁症为何要扛呢?为何不早寻求专业帮助呢?

误解 12 抑郁症只要有信仰就好了,不用吃药

关于信仰,笔者个人认同有它超越之处,也相信的确有人在得了抑郁症之后,就通过对信仰的坚定信靠得到了改善。但不得不说这是个例,如果把个例看成通例,这既不合情,也不合理。

误解 13 一旦得了抑郁症,就无法再工作,就废了

抑郁症在严重期确实会影响人的注意力、记忆力、逻辑思维能力及大脑的各种功能,也会影响体力、动力、睡眠、食欲等身体的各种状态,造成无法工作。但这些问题几乎都可以通过有效的药物治疗在 2—4 周内缓解,之后就可以力所能及地做些事情,甚至回到工作岗位。至于是直接回到工作岗位,还是找一个压力适度的其他工作来过渡,那就看具体情况了。

误解 14 一旦得了抑郁症,就无法结婚生育

没有人可以剥夺你结婚生育的权利,抑郁症也不能。虽然抑郁症有遗传风险,但并不是说有抑郁症,就一定会遗传给后代。遗传因素只是抑郁症发病的其中一个因素。有太多父母有抑郁症的孩子终生并没有发病。

误解 15 一旦服用抗抑郁药,你就不再是你了

所谓的"你不再是你"的说法,其实是认为"服药后会有一些不属于自己的想法插入进来”“有些不可控的意识操控我们”“会有一些对事情的反应不是自己想要的”。这种说法从笔者角度来看并不属实。

目前，大部分抗抑郁药物的作用机理都是改变大脑神经递质浓度，进而改善情绪、认知和行为。由此，药物是让人更好地发挥大脑功用。你的意识还是你的意识，你的思想还是你的思想，只是不再受到抑郁症的影响和辖制。

误解 16 抑郁症无法根治，所以根本治不好

抑郁症的确无法像阑尾炎那样根治，因为阑尾炎通过手术切除，就可以得到根治的效果。如果抑郁症要根治，那恐怕要把整个头颅切除。

无法根治，不代表治不好。抑郁症的临床治愈标准是症状减少 70％以上，对正常生活没有明显影响，该上学上学、该上班上班、该社交社交。如果可以达到这个效果，就认为是临床治愈了。据此认为，抑郁症目前的临床治愈率官方数据显示是 60％—80％。

由此可见，有相当部分的抑郁症患者可以得到治愈。只是说，临床治愈不代表不会复发，即不代表根治。

误解 17 一旦得了抑郁症，就会反复发作，终生不愈

抑郁症有反复发作的特点，但对于每个具体的抑郁者来说，是否会反复发作就不一定。这个说法犯的错误是把“可能性”当成“必然性”。

不得不说，抑郁症复发的可能性比较大，可能超过一半的抑郁者康复之后会复发第二次甚至第三次。但这种复发也不是不能防范。事实证明，的确有人使用了切实有效的方法防范了抑郁症的复发。

对抑郁症的误解……

这张清单恐怕写一本书都写不完。正是因为大众对抑郁症有这么多误解，才会“闻郁色变”“闻郁生畏”。如果可以更多了解抑郁症到底是什么，有更多把握可以治疗抑郁症，那它就没那么可怕了。

说了这么多抑郁症不是什么，接下来我们来说说抑郁症到底是什么。

二、抑郁症与情绪谱系障碍

抑郁症是一种情绪谱系障碍，从几乎没有神经化学变化的轻度抑郁症，到有神经化学变化的中度抑郁症，到有明显神经化学变化的重度抑郁症，到可能既有神经化学变化又有神经生物学变化的极重度抑郁症，再到伴有精神病性症状的抑郁症。

抑郁症本身已经超越了单单是抑郁情绪的一般心理问题，同时也超过了恶劣心境这种亚健康状态，而是达到了病症的诊断标准。在不同严重程度上，抑郁症表现出来的症状水平也不一样。

这里有一些专业名词需要解释一下，包括抑郁情绪、恶劣心境、神经化学、神经生物学、精神病性症状和谱系障碍。

抑郁情绪　抑郁情绪是指每个人都会有的因着任何原因造成的一过性的低落情绪，未到严重程度，亦未造成功能的明显受损。即抑郁情绪尚未达到病症标准。

恶劣心境　恶劣心境是指比抑郁情绪严重，但也尚未达到抑郁症诊断标准的长期持续的情绪亚健康状态。人在该状态下仍然能够正常工作生活，只是情绪状态很不好。这个诊断后来在美国标准DSM－5中被收录为抑郁症的一个亚型，称为“持续性抑郁障碍”。

神经化学变化　神经化学主要研究大脑神经元间的信号传递，

这种化学信号主要包括各种各样的神经递质，这些神经递质浓度发生异常时，人就生病了，可以导致各种各样的精神心理病症。跟抑郁症相关神经递质主要包括5-羟色胺、去甲肾上腺素和多巴胺等。

神经生物学变化 神经生物学是研究大脑神经系统的解剖、生理和病理的学科，这不仅包括神经元间信号传递的部分，还包括各种脑部位的解剖关系。比如，研究发现，长期抑郁症患者的大脑中主管情绪的边缘系统的主要部位杏仁核有体积增大的特点，主管认知和理性的前额叶皮质部位有体积变小的倾向等。

精神病性症状 精神病性症状主要是指幻觉、妄想、躁动和迟滞等症状。幻觉又包括五大感官的幻觉，即幻听、幻视、幻嗅、幻味、幻触。妄想的类型就比较广泛，如被害妄想、关系妄想等。躁动和迟滞是精神活跃度的两种极端状态。

用“精神病性症状”这个词是为了对标官方诊断名词，但恐怕用这个名词会吓到大家，可以简单理解为抑郁者也可能会有“精神症状”，但不是所有抑郁者都会有，只有非常少数的抑郁者会出现这种精神症状。

谱系障碍 对谱系障碍可以通过以下举例来理解。比如，数字0到1之间是否有中间地带，当然有，有0.1、0.2、0.3……直到0.9，这里每个带小数点的数字都是0和1之间的中间态。同样的道理，抑郁状态也是这样一个谱系，从正常人都会有的抑郁情绪，到已经不太正常的恶劣心境，到已经达到病症诊断标准的轻度抑郁症，再到中度、重度、极重度抑郁症，甚至有的会伴随精神症状。

从“不是问题”到“是问题”，从“一般心理问题”到“严重心理问题”或“心理障碍”，从“心理问题”到“病理问题”，从“精神问题”到“躯体问题”，这些名词都在描述抑郁症作为情绪谱系障碍的不同状态。

综上所述，抑郁症是一种情绪谱系障碍，从轻到重之间有各种中间态，且长期抑郁者可以出现神经生物学改变。

了解了抑郁症的病症属性，接下来我们看下抑郁症的不同名称，借由这些不同名称来了解抑郁症从不同视角的分类。

三、不同名称的抑郁症

名称 1、2　抑郁发作、重性抑郁障碍

目前，在全世界范围内有三大精神障碍诊断标准，分别是国际标准 ICD、美国标准 DSM 和中国标准 CCMD。国际标准已经出版到第 11 版（ICD－11），美国标准出版到第 5 版（DSM－5），中国标准出版到第 3 版（CCMD－3）。

ICD－11 和 CCMD－3 把俗称的“抑郁症”称为“抑郁发作”，英文是 Depressive Episode。DSM－5 则把“抑郁症”称为“重性抑郁障碍”，英文是 Major Depression Disorder（MDD），这里把“Major”翻译为“重性”，是为了描述抑郁症的严重性，但其实在诊断里面它也分轻度、中度和重度这些不同的严重程度，所以重性抑郁障碍也可以有轻度的。因此，大家不要误以为重性抑郁障碍一定是“重度”的。

抑郁发作和重性抑郁障碍这两个不同的名称在表达抑郁症的不同特点，前者着重抑郁的反复发作的特点，后者着重其障碍的属性和严重程度。

名称 3、4　单相抑郁、双相抑郁

单相抑郁是指单纯的抑郁症，没有躁狂或轻躁狂发作；而双相是指既有抑郁发作，也有躁狂或轻躁狂的发作，双相抑郁是指双相情感障碍的抑郁相。

抑郁和躁狂是情绪谱系的两端，抑郁的表现主要以“低”为表现，低情绪、低兴趣、低体力、低动力、低精力、低自尊、低自信、低食欲、低性欲、低热情、低盼望等，躁狂则以“高”为表现，高情绪、高兴趣、高体力、高动力、高精力、高自尊、高自信、高食欲、高性欲、高热情、高盼望等。

有些人在出现抑郁的全部时间里都是以“低”为表现，几乎从未或尚未出现以“高”为表现的情况，这就是单相抑郁；如果是以“低”和“高”表现交替出现，不管间隔多久，也不管哪种表现持续时间长、哪种表现持续时间短，就需要考虑是否有双相情感障碍（以下简称“双相”）的可能。

名称 5　破坏性心境失调障碍

破坏性心境失调障碍是在美国诊断标准 DSM－5 里提到的抑郁症的一个亚型，主要是针对年龄在 6—18 岁的儿童和青少年。亚型是指在一个大概念里因存在不同特点而细分出来的小概念。

这种抑郁症亚型的最主要特征就是脾气暴躁。尽管青少年都会在一定程度上表现出情绪不稳定的特点，但这里说的脾气暴躁是超过通常程度的。例如，稍不顺心就会出现强烈的情绪爆发，甚至具有攻击性，会动手伤人，而且每周有三次以上，至少持续十二个月；中间的缓解期，也就是情况良好的时候，不超过三个月。换句话说，在这一年当中，大部分时间都是脾气暴躁的状况。

在没有这个诊断之前，这种激越行为往往被误认为是双相的激惹表现，遂被认为是躁狂发作，也因此在全世界范围内出现了一波在青少年中泛化诊断双相的趋势。这也是青少年到现在都容易被误诊为双相的原因之一。后来研究者们经过十几年甚至几十年的研究发现，这一类情况跟典型的成人双相并不一样，在病理程度上有很大差别。

成年人典型的双相是病理性很强、具有严重破坏性的重型精神障碍，但在儿童和青少年当中出现的这种激越行为或激惹行为，研究者经过多年观察认为，其并没有严重的病理性，在不被刺激时亦未严重发作且不造成严重后果，甚至在几年之后会自行缓解或自愈，这在典型的双相中几乎是不可能发生的。

因此，专家研究员们经过多年商讨，设立了"破坏性心境失调障碍"这个新诊断，就是为了区别青少年抑郁症的激越或激惹症状和成人双相的激惹症状。

当青少年出现比较暴躁的情绪，我们需要特别谨慎判断到底是双相，还是单相的破坏性心境失调障碍。这个区别并不容易，需要跟踪随访一段时间，才能够比较准确地判断。在全世界范围内，双相的诊断大概需要 3—5 年的时间，因为有些症状在评估诊断时尚未充分展示出来。但这 3—5 年的时间花费是值得的，因为双相是一种重型精神障碍，它会带给孩子乃至整个家庭沉重的心理负担和压力，再谨慎都不为过。

由此不难发现，按照这个评估时间，如果去某个医院见到某位精神科医生，通过几分钟、十几分钟、就算是几十分钟的问诊，就得到一个"双相"的诊断是多么值得怀疑。

名称 6　经前期烦躁障碍

前面提到针对青少年的一个特别诊断，接下来聊一下针对女性的一个特别诊断，叫做"经前期烦躁障碍（Premenstrual Dysphoric Disorder，PMDD）"。

PMDD 也是美国标准 DSM－5 中关于抑郁症的亚型诊断。之所以会把它作为一个亚型放在抑郁症的大概念里，是因为很多女性在经前期会出现烦躁、焦虑、易激惹、情绪不稳等症状，甚至有可能伴随一些躯体症状，如肌肉疼痛感。这些症状在月经过后就会减轻或消失，而且是很有规律性地出现，每次月经来之前就有这个反应，出现在月经前1天或者前几天，对工作、社交和生活有一些影响，但又影响不太大。这个规律提示这种状态和经期有密切关系，是专门针对女性的一种特殊状态的抑郁症。

名称7　产后抑郁

产后抑郁也是针对女性特有的诊断，很多女性逃不过产后抑郁的困扰。一般来说，产后四周起病，通常在三到六个月内自行恢复，但也会持续一两年，甚至会持续更久。

目前普遍认为，产后抑郁跟激素水平有很大关系。激素在产后的陡降会带来情绪波动。除此以外，产后抑郁还跟家庭关系、重要他人关系，尤其是跟丈夫就是夫妻关系有很大的关联。如果丈夫在妻子生产以后没有给予她很好的呵护，很可能会促成产后抑郁的发作。

女性在生产中经历了双重的重大创伤，即身体上的创伤和心灵上的创伤。身体上的创伤不言而喻，就是最重的疼痛程度，对整个身体都有极大的创伤。心理上的创伤可以分很多种，包括一些职业女性放弃工作、角色的转换、两人世界变成三人世界，如果有父母的介入就有婆媳关系、老公够不够关注等，这些家庭社会因素都是产后抑郁的重要影响因素。

名称8　更年期抑郁

更年期抑郁是指女性围绝经期（45—55岁）和男性（55—60岁）会出现的以性激素水平紊乱和自主神经紊乱为主要特点的抑郁症。主要表现为情绪低落、经常哭泣、失眠、易怒、焦虑等症状，有的人还会猜疑他人、草木皆兵，甚至会有惊恐不安、自残自杀等情况出现。

名称 9　老年性抑郁

老年性抑郁主要是针对 60 岁以上患者的诊断。

从症状表现上，它更多地体现为躯体症状，如失眠、躯体不适感。当然，也可能会有心理层面的负性思维，悲观、绝望甚至想死。自杀的想法在老年性抑郁症当中是比较常见的。所以对于老年性抑郁症一定要注意防范自杀，很多人到了老年，对活着失去意义感，失去盼望，如果再加上儿女不孝顺，他们就会觉得活着完全没有意义。老年人一旦出现比较明确的“主动自杀意念”，如“我想要跳楼”“我想要割腕”“我想要一睡了之”等想法，就需要判断这种自杀想法发生的频率、在头脑当中停留的时间、是否有主动自杀的尝试，通过这些进一步的信息评估自杀风险等级，并进行相应的干预处理，防范悲剧事件发生。

名称 10　持续性抑郁障碍

持续性抑郁障碍也是在美国诊断标准 DSM－5 中抑郁症的一个亚型。

这个诊断包括几种不同的发作形式：其中一种叫做环性心境障碍，就是既有心境高涨，也有心境低落，但是不管是心境高涨还是心境低落，都不符合躁狂和抑郁发作的症状标准，即程度没那么重，或者症状数目没那么多；另一种叫做恶劣心境，是指虽然情绪不好，但总体看来社会功能受损较轻，学生可以正常上学，成年人可以正常上班，只不过会有这种情绪不稳定的状况，持续两年，如果是儿童、青少年就是一年，发病期间可以有几个月的正常间歇期。

名称 11、12　内源性抑郁症、反应性抑郁症

内源性抑郁症和反应性抑郁症其实都不是在三大诊断标准中的正式诊断名称（至少笔者在现有三大诊断标准中没有看到），而是精神病学专家在临床工作中对抑郁症的不同表现形式进行的约定

俗成的划分。

首先看内源性抑郁症，英文是 Endogenous Depression。这是一种主要由神经化学和神经生物学因素导致的抑郁，通常会追溯到家族史中的基因遗传因素和神经化学层面的某些神经递质浓度异常。同时，不排除会有后天环境的影响，但不占主要因素。

反应性抑郁症，英文是 Responsive Depression，或者叫情境性抑郁症，英文是 Situational Depression。这类抑郁症主要是由外界事件刺激带来的心理反应，表明与情境、事件有明显的关系，或者说外界事件的刺激程度超过通常水平，是一般人所承受不了的。比如说，孩子学业压力大，遭遇了失恋等人生中的重大事件的冲击、创伤等。

其实很多时候两种因素都存在，只不过需要判断哪一种因素为主要因素，借此在用药方面有所选择。我们倾向于认为，内源性抑郁症对药物的反应更好，而情境性抑郁症虽然对药物也有一定的反应，但是多半对心理治疗的反应性更好、疗效更好。

名称 13　物质或者药物所致的抑郁障碍

物质或者药物所致的抑郁障碍主要是指毒品或药品带来的副作用。

长期使用毒品会带来抑郁的反应，情绪就是提不起来，表现为抑郁态。如果一个人吸毒吸了几年了，虽然不一定到成瘾的程度，但毒品对情绪已经造成严重影响。除此之外，还有一些抗病毒药、心血管药物、抗癫痫药、抗头痛药物、抗精神病药物等都有可能造成抑郁的副作用。

名称 14　躯体疾病所致的抑郁障碍

躯体疾病也会导致抑郁障碍，比如神经系统疾病，包括帕金森病、呼吸睡眠暂停综合征，再比如心血管疾病、感染性疾病、内分泌性疾病等。如果甲状腺功能减退造成甲状腺激素分泌不足，就会严重影响情绪，给人的印象好像和抑郁症很像。对于很多来访者，尤其是40岁以上的男性、女性，都会建议查一下甲状腺功能，看看有没有甲状腺功能减退造成的抑郁反应。

本章闪问闪答

1. 问：抑郁、抑郁状态、抑郁情绪和抑郁症等几个名词有何区别？

答："抑郁"是一个统称，是把抑郁作为一个抽象概念来看待，不指代任何具体情况。

"抑郁状态"是首诊去看精神科医生时，医生在不确定诊断时给出的临时诊断。这个临时诊断通常需要在后续复诊时（通常是第二次问诊）被正式诊断所取代。

"抑郁情绪"是正常人都会有的短暂存在的情绪低落状态，达不到抑郁症诊断标准。

"抑郁症"是达到诊断标准的病症，包括症状标准、功能受损标准、病程标准和排除标准，满足所有标准才被认为是正规诊断的抑郁症。目前使用的诊断标准有三个，分别是美国标准 DSM - 5，国际通用标准 ICD - 11，还有中国标准 CCMD - 3。这三个标准是根据不同地域和文化背景的专家共识而编订的，其内容大同小异。

2. 问：心境障碍和情感障碍有何区别，它们和抑郁症是什么关系？

答：情感障碍的英文是 Affective Disorder，它是包括抑郁症、躁狂症或轻躁狂以及双相情感障碍在内的各类情感障碍；心境障碍的英文是 Mood Disorder，其实和情感障碍所指代的内容是一样的，只不过早年更多称之为情感障碍，现在更多称之为心境障碍。笔者猜想，可能是因为情感 Affection 会与情绪 Mood 相混淆，才做出这样的调整。笔者个人认为情感既包含情绪的部分，也包含理智和意志的部分。

3. 问：抑郁症到底是心理问题，还是病理问题？

答：要回答这个问题需要首先界定什么是心理问题，什么是病理问题。

简单说，心理问题一般是指认知、情绪和行为的不适应性表现，但此种表现尚未达到神经化学和神经生物学层面。它可以包括一般心理问题和心理障碍等不同严重程度。心理学中所说的"一般心理问题"是指尚未达到诊断标准的心理问题，对基本功能和生活状态影响不大，而心理障碍则已经影响到生活和基本功能。

病理问题是指认知、情绪和行为问题的严重程度已经达到神经化学和神经生物学层面，很难单纯通过心理辅导、心理咨询和心理治疗得到有效缓解，而是需要物理治疗和/或药物治疗等改善神经化学和神经生物学因素的治疗方法才能有效改善。

由此可见，抑郁症在轻度时，可以暂时界定为心理问题，是已经造成了功能受损和生活影响的病症状态，但心理咨询和心理治疗仍然比较有效，不一定需要药物治疗。但这个轻度抑郁症已经不再是心理学中所说的"一般心理问题"，而是达到了心理障碍的程度。当抑郁症达到中度（含）以上时，就可能可以界定为病理问题。抑郁症临床治疗指南上根据抑郁症的严重程度建议，抑郁症在中度（含）以上建议药物治疗也是这个道理。

综上所述，抑郁症在不同严重程度上既可以是心理问题，也可以病理问题。

4. 问：抑郁症到底是精神问题，还是躯体问题？

答：要回答这个问题首先需要界定什么是精神问题，什么是躯体问题。

简单说，如果是可以通过现有检查手段，不管是X射线摄影、CT、MRI、PET、SPECT，还是B超、心电图、脑电图，可以检测到病灶，可以描述病灶的大小、形状、质地等，那么一般就会认为是躯体问题。如果通过这些通常检查手段无法检测出，无法捕捉到，一般我们会认为是精神问题。

但抑郁症这件事的特殊性就在于，一般检测手段检测不到，但特殊检测手段可以看到一些抑郁症的端倪。比如，脑涨落图，这种检测方法是通过脑电超慢波进行谱系分析、功率谱分析和递质平衡情况分析获得神经递质的活动参数。通过这种检测发现抑郁症患者的部分神经递质浓度降低，包括5-羟色胺、去甲肾上腺素等；另外，在长期的重度抑郁症患者中还发现大脑杏仁核体积明显增大，而前额叶皮质明显减小的特点。

如果这些研究可以得到普遍证实，那么抑郁症就不能说是单纯精神心理问题，而是可以在严重时发展成为具有实质性改变的躯体问题。

5. 问：抑郁症到底是外在问题，还是内在问题？

答：如果说外在问题是指社会环境、学校环境、家庭环境等所有生活环境，那么环境中的任何因素，尤其是压力，都会影响和促成抑郁症的发病；如果说内在问题是指基因遗传、性格特点、应对方式、心理承受力等因素，那么这些因素在受到外界刺激时，会以非适应性方式回应，最终促成抑郁症的发病。

综上所述，抑郁症是里应外合综合因素促成的病症。

6. 问：抑郁症和感冒一样吗？

答：之所以经常听到有人用“感冒”来比喻“抑郁症”，是因为两者之间确有相似之处。

当一个人感冒时，身体状态和机能会受影响。同样，当一个人得抑郁症时，心理和精神状态和机能会受影响。感冒可以治好，抑郁症也能治好。感冒在治好康复后，可能还会再次感冒，抑郁症也一样。

尽管感冒和抑郁症有相似之处，但也有本质的不同。

首先，感冒是比较躯体化的一个病症，致病原可能是细菌、病毒、支原体、衣原体、立克次体，可能是各种各样的致病原造成了感冒的症状。打喷嚏、流鼻涕、发烧、浑身无力等感冒症状都是非常躯体化的，因此感冒是一个典型的躯体疾病。虽然人在抑郁时，躯体也会有反应，毕竟人的心理、精神和躯体都是紧密相连、相互影响的，但抑郁症更多是心理和精神上的病症，而心理和精神上的痛苦有时候会来得比躯体上的痛苦更猛烈。

抑郁症严重时也可造成神经化学和神经生物学方面的改变，神经递质浓度异常，大脑特定部位体积变化甚至发生功能改变等，进而造成认知、情绪和行为的紊乱。抑郁症可以伴随精神症状，如幻觉和妄想，甚至可能有自杀的想法和冲动。这些严重的症状恐怕是单单感冒无法体现的。

7. 问：抑郁症会传染吗？

答："抑郁症会传染吗？"这句话乍一听的第一反应应该是"当然不传染了，这又不是什么身体传染病"。但冷静下来，仔细想想，如果你身边的人情绪很低落、很糟糕，并且不停赘述自己心里的苦闷、怨气、压抑和绝望，你会不会受影响？时间久了，你又会如何？

抑郁症当然不会像躯体疾病传染那样，好像是某种细菌或病毒，身体接触一下就传染给你了，或者是彼此讲个话，距离一米之内就传染了，再或者通过飞沫传染。

抑郁症的传染不是这样的传染，而更可能是一种情绪上的传染和/或神经脑电波的传染。

情绪是会传染的，当在一个房间里有一个人情绪很不好，他就可能把这种不好的情绪带给这个房间里所有的人。反之亦同，一个人的好情绪也可以感染到所在空间里的所有人。情绪的传染可以从分子角度来看，情绪具有弥散性，情绪分子在空气中就会传递，进而影响别人。

8. 问：抑郁症是精神病吗？

答：要回答抑郁症是不是精神病，需要先了解以下几个概念，精神障碍、精神病、心理障碍、心理疾病和神经系统疾病。

"精神障碍"是指大脑机能活动发生紊乱，导致认知、情感、行为和意志等精神活动不同程度障碍的总称。它包括情感性精神障碍，也包括器质性精神障碍。

"精神病"是指由多基因因素引起的大脑功能紊乱，进而导致患者在感知思维情感和行为等方面出现异常，强调基因遗传因素和病理性因素，而和环境因素关系不大，是精神障碍中较重的类型，如精神分裂症、双相情感障碍等。

"心理障碍"是指心理活动异常的程度达到了医学诊断标准，这里所说的"障碍"当然也不排除有基因遗传因素和病理性特征，但它强调的是人受到环境刺激产生的异常心理反应，如焦虑症、强迫症、恐怖症、癔病和抑郁症等。

"心理疾病"和心理障碍类似，但这个概念有点自我矛盾。一说"心理"就暗含着环境刺激带来的心理反应的意思，一说"疾病"又含着基因遗传因素和病理性因素。如果更多强调心理，就用心理障碍;如果更多强调疾病,就用精神疾病。

“神经系统疾病”跟精神病差别比较大,是指发生于中枢神经系统、周围神经系统、自主神经系统的,以感觉运动意识、自主神经功能障碍为主要表现的疾病。比较典型的神经系统疾病包括帕金森病、脑炎、脑膜炎和癫痫等,这些叫做神经系统疾病,和精神疾病完全不是一个概念。

基于对以上概念的理解,我们来回答抑郁症是不是精神病这个问题。

抑郁症是基因生物因素、心理特质因素和社会环境因素等多种因素共同导致的情绪问题,属于心理障碍。在程度较轻时,更着眼于抑郁症的后天因素,如成长环境、教养方式、成长经历、生活事件等;如果到了较严重的程度,则更多着眼于抑郁症体现出的病理性,但抑郁症作为情感障碍主要是以情绪症状为主,和精神分裂症这样以思维障碍为主的精神病具有明显不同。

9. 问:抑郁症是绝症吗?

答:首先需要界定“绝症”是什么概念。一般认为癌症是完全没有办法治疗的疾病,例如晚期癌症,无法手术切除,没有什么药物和方法可以治疗,只能等待死亡。按照这个概念来说,抑郁症显然不是绝症。抑郁症可以通过药物治疗、物理治疗、心理治疗等多种方式得到治疗且可以临床治愈。

抑郁症之所以会有关于“绝症”的谣传,主要是有两个原因,一是很多抑郁者自杀,二是抑郁症有反复发作的倾向。复发的原因很复杂,与治疗方式、患者的依从性、环境因素等有关。防范复发的方法将在第八章中详述。

第二章

抑郁症
有哪些症状表现

抑郁症有哪些症状表现

第一章讲述了抑郁症是什么病，既然是病，就会有症状。本章就来阐述一下抑郁症有哪些症状表现。

抑郁症的症状可以非常多样，不一而足，且在青少年、青年、中年和老年等不同年龄人群以及不同性别人群中亦有不同。

抑郁症的症状多样性给了我们一个重要提示，就是千万不要想当然认为“你得了抑郁症，我也得过抑郁症，所以我知道你是怎么回事”，也不要听到别人有抑郁症，就根据自己对抑郁症有限的了解或经历立即给别人建议。虽然是好心好意，但对抑郁症的了解和经历只是个人的视角，不一定适用于他人，甚至有时候这个建议可能会造成适得其反的效果。

笔者已经治疗过成千上万的抑郁症患者。但每当见到一个新来访者，都需要静下心来去听他的抑郁症是怎样的情况，属于哪种类型，侧重于哪个方面的症状表现，有怎样的影响因素，个案概念化的框架如何。经过多次多方了解之后才能对当前这个个案有比较准确的把握，进而给到有针对性的治疗方案，并根据治疗效果及时调整方案。

抑郁症症状具有多样性是因为受到外界刺激时，当事人的内在反应机制不同，就引发不同的反应形式。但之所以会被统一诊断为抑郁症，是因为在这些不同的反应形式中，还是有一些表现是具有共性的，我们把这些共性反应称之为“核心症状”。

请注意，这里说的核心症状和非核心症状并非指重要性，不是说核心症状重要，非核心症状不重要，而是从共性角度来说，核心症状是大部分抑郁者都有的，而非核心症状不是大部分抑郁者都有的。

为了方便表述，本章将抑郁症的症状按照“核心的精神心理症状”“非核心的精神心理症状”“躯体症状”和“躯体影响”四个方面进行阐述。

抑郁症核心的精神心理症状包括情绪、兴趣、精力三大方面，这三大方面也涵盖一些相关的小主题；抑郁症非核心的精神心理症状包括强烈的受压感、负面消极思维、自我评价低、自罪自责感、社会功能受损、无助无力无望感、无意义感、丧失感受能力、丧失联结感、精神症状和自残自杀等；抑郁症的躯体症状包括肌肉疼痛、睡眠、饮食、性欲、体力、脑力、注意力和记忆力改变等；抑郁症的躯体影响包括对心血管系统、消化系统、免疫系统、内分泌系统和癌症等方面造成的影响。

我们先看抑郁症核心的精神心理症状。

一、 抑郁症核心的精神心理症状

症状一 情绪问题

抑郁者在情绪方面可以有多种表现形式。情绪低落是抑郁症的普遍表现，也是核心症状之一。这种情绪低落好像是什么事情都无法改善或打破，无法让他提起精神来，就算可以因为一件事短暂开心，但很快就再次陷入低落中。

很多人对这个情绪低落有误解，觉得“是不是我今天上班被老板批评，觉得心情不开心，就是情绪低落呢”，觉得“今天作业没写完被老师批评，觉得不开心，就是情绪低落呢”，还是“昨晚和配偶吵架，到今天还觉得闷闷不乐，就是情绪低落呢”。

达到抑郁症症状标准的情绪低落和正常人都会有的情绪低落到底有何区别呢？这里给大家两个关键的判断标准。

判断标准 1：是否持续超过两周　正常人的低落情绪可能持续几分钟、几个小时，也可能是几天，但是一般不会持续超过两周。所以，两周是我们判断这个情绪低落是正常还是异常的一个重要标准。但这里说的两周并不意味着两周之后就好了，低落情绪就消失了。如果这种情绪会持续两周，就会持续两个月，甚至更久。两周是从大脑神经功能特点角度和临床经验角度使用的一个临界时长，告诉我们这种低落情绪是一种持续状态，而非一过性状态。

判断标准 2：是否影响基本功能　如果有人说“我这两天心情很不好”，但是有人陪着他，吃个饭、聊个天、喝个酒、唱个歌他就开心了，那很可能不是抑郁症。抑郁症既然是病症，就表明已经对基本功能有影响。基本功能是指人生活所必须拥有的基本能力，这些能力包括生理功能，如睡觉、饮食、性欲等，包括大脑功能，如思维、理解、逻辑和语言表达等，还包括社会功能，如工作能力、生活能力和社交能力等。如果这些功能没问题，该干吗干吗，那么就认为情绪低落并没有达到病理程度。但如果这些功能都出现问题，甚至到了严重程度，没有办法去上班、无法跟家人沟通、无法出门见人等，不但如此，很难通过自己改善这种低落的情绪，也很难通过自我调节改善工作的状态，就说明这种情绪低落已经超出了正常范围。

以上两个标准可以帮助我们判断情绪低落是否达到了抑郁症的病理程度。

了解了抑郁症的情绪低落是这种病理性的状态后，很自然会想知道为何会这样。

情绪是外在刺激因素作用在抑郁者身上，与内在特质里应外合带来的伴随状态。如果内在特质在解读和消化外在刺激时顺利，情绪就会显得积极；如果遇到困难，情绪就会变得负面，甚至可能会衍生出自我能力问题、自尊自信问题、自我价值问题或安全感问题等。

一旦涉及很深层次的自我议题，情绪低落就会衍生出悲伤哭泣，尤其是女性患者，总觉得有悲伤之事，总有悲伤的眼泪，哭也哭不完，每天以泪洗面。有些抑郁者会说，抑郁这几年把所有眼泪都哭干了。

抑郁者的情绪问题除了表现为情绪低落以外，还会表现为“脾气暴躁”。

不知道为什么，就是很容易发脾气，特别是对亲近的人。有一些抑郁症患者的家人，他们一直在照顾着这个抑郁者，但是发现这个患者常常说话伤人，让照顾他的家人非常沮丧，觉得“我这么用心照顾你，为什么你还说这些话伤害我”。

其实，抑郁者并非诚心想要伤害家人，也不想“脾气暴躁”，只是好像一直有一只无形的野兽在咬噬自己，已经遍体鳞伤，痛苦无比，却又说不出哪里痛，于是不自觉地脾气暴躁。这种“发脾气”仿佛是内心的呐喊，想要说：“有谁能够了解我”“有谁知道我现在正在经历的痛苦”“有谁能够帮助我、医治我”“我是不是还有救啊”等等。

症状二　兴趣减退或丧失

兴趣减低或丧失是抑郁症核心的精神心理症状之一，意思是说本来感兴趣的事情，现在没那么感兴趣了，甚至完全不感兴趣了。

例如，有一些男性朋友喜欢玩网络游戏，之前是没日没夜、热火朝天地玩，不管多累，随时可以进入游戏状态，只要一打起游戏来，累也不累了，烦也不烦了，什么不开心都没有了，整个人都被游戏激发了。但最近一段时间忽然对游戏提不起兴趣了，也没有主动邀约朋友一起玩了，就算朋友约他，都显得兴趣不大，完全没有之前的兴致勃勃、意气风发了。

再例如，有些女性朋友喜欢逛街买衣服，之前是只要一提到逛街买衣服，她就两眼放光，尤其是两三好友一起逛，那就更快乐似神仙，什么烦心事都可以放下。可现在好像提起逛街，也没那么大兴趣了，甚至会回绝闺蜜的邀请，不想出门，只想待在家里，看着一堆漂亮的衣服也没有想穿的欲望。

又例如，有些人喜欢打麻将，之前是不分昼夜地打，绞尽脑汁要把三缺一补齐玩上几圈，现在好像打不动了，没兴趣了；有些人喜欢唱歌，只要一走进 KTV，就好像麦霸附体，谁都别想抢到麦，自己一唱到底，不喊破喉咙不回家，现在好像唱不动了，听别人唱也没感觉了，现场的欢乐氛围也无法让他提起兴致了；有些人喜欢去健身房健身，之前是一周 7 天一年 366 天都在健身房，一练就是几个小时，现在走到健身房都没力气，也练不动了；有些人喜欢读书，之前是书不离手，走到哪里都拿着一本书，上厕所都在看书，现在看也看不动了，甚至看也看不懂了，好像脑子不转了。

这些都是兴趣减退或丧失的表现。如果这种兴趣减退或丧失的情况持续超过两周的话，就需要引起注意，看是不是抑郁了。

为何抑郁者会有兴趣减退或丧失的表现呢？

感兴趣这个状态需要一些功能要素来实现，人才能在感兴趣的事情上感受到思想被调动、情绪被激发、能力被彰显、需要被满足。这其中至少要有一个要素被满足，人才会生发兴趣。但如果一个人的思想被压制，无法被调动；情绪机能被破坏，无法被激发；能力被主观认知否定，无法被彰显；那么需求就无法被满足，整体看来就是兴趣无法被激发。

症状三　精力不济

精力不济主要是指很容易没精神、没心思、没神采、没斗志、没热情，就是俗称的没有“精气神”。

从大脑神经科学角度来讲，所谓的“精气神”需要以神经化学层面的神经递质浓度来作为基础条件，有了神经递质的信号传递，才能生发想法、产生情绪、激发热情，进而带动行为。反之，如果神经化学层面出现问题，信号传递受阻，“精气神”就都没有了生发的神经基础。

与精力不济相关的症状表现还包括体力下降、动力不足、话语减少和活动减少。

体力下降具有身体和心理双重因素。身体因素是指由于睡眠障碍、食欲不佳以及一些神经递质（如去甲肾上腺素）浓度下降造成的体力下降，心理因素是指找不到热情和盼望造成的怠惰。动力不足是指精神疲累感强，不想做任何事，甚至连话都懒得说，就会出现话语减少的情况。

动力和体力是连带因素，动力是指想要做事的动能，体力是指实际做事的力量。动力更多指向心理层面，涉及自信心、自我效能感、掌控感、内驱力等因素。体力更多指向身体层面。

抑郁者在晨起时最痛苦，一天开始什么都还没做，就想着这一天怎么度过呢，实在太难熬了，想想都觉得累，连起床都困难，就更别说出门活动见人了，所以外在就会体现为活动减少。等到一天快结束了，才觉得轻松一点，所以抑郁症有症状晨重夜轻的特点。

二、 抑郁症非核心的精神心理症状

讲完核心心理症状，接下来分享非核心的精神心理症状。再次澄清，这里说的非核心，并非指不重要，而是并不是所有抑郁者共有的症状。

症状一　强烈的受压感

抑郁者常有受压感。这种受压感是指在外在压力下的内在主观感受。

这些外在压力可能来自父母、配偶、孩子，可能来自工作、人际关系，甚至是任何一件不起眼的小事，都有可能给抑郁者带来压力感。在常人看来可能觉得这件事情没什么大不了，但是对抑郁者来说可能是压力非凡。

正因为如此，很多“站着的人”就会说抑郁者抗压力不足。谁抑郁了，都会抗压力不足。所以抗压力不足不是旁人用来评判抑郁者的，而是用来理解抑郁者的。

受压感是因为抑郁者的神经系统过敏，会非常敏感地捕捉到身边的压力源。这时，如果抑郁者认知上无法对压力源进行积极解读，就会产生负面情绪压力；如果又无法从情绪管理上消解这些负面情绪能量，就会造成受压感。

症状二　负面消极

消极思维就是时时处处着眼于消极面，脑中所思、心中所想、口中所说的都是消极的。一件事情十个人来看待，可能九个人都觉得这是一件好事，但只有抑郁者觉得“这有什么好”“这个事情早晚会出问题”“一旦出问题，我就会遭受损失”“那太可怕了”。

这种负面消极思维是抑郁症典型的思维方式之一，会体现在很多方面，对自己、对别人、对事情、对世界、对人生都会有消极思维的表现。

因此，在与人互动的过程当中，抑郁者的表现常常会让大家觉得很扫兴，觉得“为什么大家都觉得好，就你觉得不好”“为什么大家都觉得这个方法可行，就你觉得不可行”“为什么大家都觉得这个人很好，就你觉得不好”，这都是因为消极思维的影响。

症状三　自我评价低

抑郁者常常会对自己评价很低，觉得自己好像什么都不行、什么都做不好，而别人什么都做得好。这种低自我评价可能是脱离现实的低估，实际上自己没有那么差，甚至有些抑郁者在很多方面是很有成就的，但这并不能阻止抑郁者认为自己差，那就说明这种自我评估已经失去理性逻辑。

旁人会说：“在我看来你很好、很有成就啊”“你在很多方面都做出了令人骄傲的成绩，为什么你会这样觉得呢”。抑郁者就会回答说：“哪有啊，我什么都做不好”“那不过是运气好”“你别恭维我了，太假了”。

症状四　自罪自责感

抑郁者常有“自罪自责感”，好像什么都是他的错，任何事情的发生都是自己的错，不是别人的错，甚至完全与自己不相干的事情，连踩到一朵小花都会内疚难过。正是这种强烈的自罪自责感，让抑郁者觉得非常痛苦。

这种自罪自责感体现出理性不足的特点，无法用理性看待事情、看待关系。

从神经系统角度来讲，这是因为内在已经先入为主地存在对自己的批评、否定甚至攻击，这时，外在发生的事情就容易和内在的负面自我看待产生匹配，就是我们说的内归因，把过错归在自己头上，而这种内外夹击的攻击会更让人痛苦。

症状五　社会功能受损

社会功能是指人在社会属性上的体现，包括孩子去上学，大人去工作，还有大家都会有的社交互动。如果抑郁者很容易有受压感，已经在心里有各种各样的消极思维、负面自我评价和负罪感，可想而知，外在行为上很难走出去，就很自然会有社会退缩，谁都不想见，把自己关在屋里。

因为过度敏感，总担心别人对自己有怎样的评价，这种担心会让他觉得很辛苦，心很累。因为不想那么累，就会回避社交；因为自卑，心里总觉得自己不好，不管是长相、能力还是家境，总是觉得自己不够好，就不太愿意见人；因为缺乏安全感，就是担心、害怕别人会伤害到自己。

这时候，抑郁者会用一种新的逻辑来看待过去的经历，看待过去的关系。

交友创伤心理 如果之前曾经交过朋友，在交友过程中受伤了，比如被嘲笑、被背叛等，之后就再也不想交朋友。这种情况称之为事出有因，能够追溯找到具体的原因。在受挫之后，认知会出现非理性的以偏概全的倾向，有可能因为个别同学或朋友的背叛，就认为全世界都是坏人。

因此，在这样的经历和认知的作用之下，他就会选择远离人群，不敢再交朋友。如果后来抑郁了，就更加重了行为上的退缩。

对过去的一种回避和否定 不跟过去的同学或朋友来往，不想见这些同学并不是因为觉得这些人不好，而是因为他不喜欢与这些人在一起的那个时期的自己。比如说，他上高中了，不跟初中同学联系；上初中了，不跟小学同学联系；上了大学以后跟以前的同学都不联系；毕业以后跟所有学生时代的同学都不联系。

这可能是因为在那个阶段学习不好，可能是在那个时期出过丑，也可能是不喜欢那个年代自己的形象。由于在学生时代发生过的各种各样的事情，让他不喜欢那时的自己。如果见到这些同学就可能提到往事，让他想起那时的自己，而他又非常不喜欢，所以他索性就不再跟任何同学联系。

这就是对过去的一种回避和否定，造成与人失联的状态。抑郁之后，这种对过去的否定就显得更加强烈。

受原生家庭中父母的影响 抑郁者的父母如果自己就不善社交，很宅，整天待在家里，没什么朋友；或者自己本身没有这个问题，但会限制孩子出去社交，认为学习最重要，告诫孩子说这个阶段不需要去交那么多的朋友，久而久之造成孩子丧失了交朋友的能力，或者说根本就没有培养起来交友能力。

在这些前提之下，人得了抑郁症之后，就更加会有社会退缩的表现，总是觉得出门见人是一件太难的事情。

症状六 无助无力无望感

无助、无力和无望不是一个层面的感受。

人如果在一件事上感受到挫败，首先感受到的是无助感。感觉是"谁可以帮帮我""谁要是可以帮帮我就好了"，言外之意是"我还有救"。

如果是多件事连续屡次不顺，那么就会产生一种无力感，觉得"唉，人活着好难啊""我什么事都做不成""我真是一个废物""我感到自己一无是处"。这种感觉显然比无助感要强很多。

如果无力感很久得不到缓解和改善，慢慢就会生发出无望感，觉得"谁都帮不了我""医生帮不了我""心理咨询师也帮不了我""未来一片黑暗迷茫""一点盼望都没有""我活着还有什么意思呢"。

这种逐渐加强的无力、无助和无望感，将逐渐催生出无意义感。

症状七 无意义感

无意义感是在努力了很久不见成效，持续了很久的无力、无助和无望之后，觉得"既然已经这样了，那还有什么意义呢""既然做什么都没有用，那我为什么还要做呢""既然未来也不会改变，那现在做什么还有意义呢"。

这种感觉就好像行尸走肉，非常痛苦，没有意义。这个时候人就开始质疑“生命的意义是什么”“活着到底是为了什么”这些终极问题。可是思考来思考去找不到答案，就更加痛苦。

如果还感觉到痛苦，那说明感受能力还没有丧失。

症状八　丧失感受能力

我们通常都有感受周围事物和人际关系的能力。

积极的感受，如开心、愉悦、满足等，消极的感受，如挫败、沮丧、懊恼等，这些积极或消极的感受是我们作为人对周围世界的反应信号。

但对抑郁者来说，如果长时间感到无意义感，就会丧失感受能力，就像一个人被冻在一个巨大的冰块里面，冰冷，隔离，没有任何感觉，也丧失了感受的能力。这是一种非常可怕的麻木感。

症状九　丧失联结感

当抑郁者已经麻木，就会很自然地产生失联感。这种失联感可以体现在外，也可以暗藏在内。

外在的失联主要体现在人际交往上的失联，可以说是跟父母、跟亲近人的一种失联。内在的失联是我们跟自我的一种失联，跟自我情绪的失联。外在的失联其实是相对容易观察到的，而内在的失联则很难被了解。

外在的失联较明显的体现就是不再跟朋友联系，或者渐渐地已经没有什么朋友，甚至跟家人、跟父母都没有什么话讲，没有什么交流。如果没有养小动物，也没有养什么植物，跟大自然也不相连，这种失联状态就非常严重。

人有社会属性，每个人都需要跟人交流互动，这是绝大部分人的现实需要。只有极少一部分人可能从小到大就希望生长在山里面，没有与人交流的欲望和需要或者冲动，觉得一个人是最舒服的状态（甚至跟父母都没有什么交流），这种类型是极为罕见的。我们会认为这并不是一个正常的状态，可能存在自闭或一些病理性问题。

网上有一张图，图里有一个人在大海上和一条黑狗坐在破烂的橡皮筏里，雨下得很大，风浪很大，但是四周一望无际，没有人，好像与世隔绝了。用这张图来形容抑郁这条黑狗抢劫了抑郁者的生活很形象生动，表现出了抑郁者的与世隔绝之感。这种隔绝感最可怕，也是抑郁症最严重的症状，会把人推向生命的边缘。

症状十　精神症状

精神症状包括幻觉、妄想、躁动和迟滞等。我们这里主要讲前两类，幻觉和妄想。

幻觉分为幻听、幻视、幻嗅、幻味、幻触等不同类型。对于抑郁者来说，以幻听为主。幻听就是你会听到真实的人的声音在对你讲话，但其实并没有人在你身边。

我们需要把幻听和意念做一下区分。意念是没有真实的声音，只是一个想法，但幻听是有真实的声音在对你讲话，就像有人在你面前或者在你旁边对你讲话那样。

很多抑郁者的幻听内容是有人跟他说各种各样的话。有的是评论性幻听，主要是听见有人在说评论的话语，往往是跟患者有关的评论，而且是负面的评论，甚至是批评的、指责的抑或是咒骂的评论。还有的是命令性幻听，比如让他去自伤、让他去自杀，这种情况是比较危险的，需要使用药物治疗，尽快控制。

妄想是指坚定地持有一种理念，而这种理念和大众的理念有明显相悖的逻辑和属性，从现实层面无法被大众所接受。

抑郁症的妄想也是比较多元化的，包括自罪妄想和虚无妄想等。

自罪妄想是指不管什么事情出了问题都是自己的错，好像自己是一个罪大恶极的人。有时这种对自己的指责可能毫无根据，并且会认为自己不可饶恕、罪大恶极、死有余辜。有些有信仰背景的抑郁者会有比较多的自罪妄想，而在他们所持有的信仰理念中，我们用“妄想”来描述他们的想法都是一种对他们信仰的冒犯，因为在他们的认知体系里，这不是妄想，而是真实存在的信念。

虚无妄想是指觉得什么都没有，这个世界都是虚无的、虚幻的、不真实的、是无意义的，甚至自己也是不存在的。这种虚无的感觉，好像自己的身体只是一个空壳子，并没有真实的五脏六腑，这就是一种虚无妄想的概念。

说到这里，很多读者可能开始害怕起来了，心想“难道抑郁症也会有精神症状吗”“这太可怕了，那抑郁症不就是精神病吗”“抑郁症不是心理问题吗，怎么会有这些严重的症状呢”“抑郁症和精神分裂症到底有什么区别呢”。

为了让大家更理解抑郁症和精神分裂症是不一样属性的病症，我们做以下区分。

抑郁症的“幻听”往往是短暂的片段，幻听中的声音并不出自一个具体明确的人，只是一个声音的存在，在表达对抑郁者的“评论性幻听”，说抑郁者各样的不好，或者是“命令性幻听”，指示抑郁者去伤害自己，这些都是在反映抑郁者内心强烈的自我攻击。这些声音好像是从自己的身体里发出来的，基本都是和负面自我看待一致的说法。在幻听状态下，抑郁者基本不会失去对现实的认识，也能够保持正常思维功能，没有受到明显影响。

精神分裂症的“幻听”常是长期存在且是比较清晰的，幻听中的声音是有比较具体的身份的人物。幻听内容有时和自己有关，比如是关于别人在议论自己或要害自己；有时不一定和自己有关，而是关于国家大事的，关于宇宙万物的，关于神灵的。精分者多半可以和幻听中的声音互动，有的顺从，有的对抗，具体表现为“被害妄想”和“关系妄想”等，以至于精分者几乎无法分辨幻听中的世界和现实中的世界哪个真、哪个假，因为精分者的思维认知已经受到了严重的破坏，无法正常思维，生活受到了严重影响。

经过以上解释，大家应该可以大概理解抑郁者的幻听远没有精分者的幻听那么严重，而且一般来说，伴有精神症状的抑郁症也不会发展成为精神病或者精神分裂症，因为抑郁症和精神分裂症属于不同类型、不同谱系的病症。但抑郁症和精神分裂症可以同时发生，也可以先后发生，也就是两者独立存在，这时要考虑另外一个诊断，叫做分裂情感性精神障碍。

总之，我们在对抑郁症患者做评估的时候，如果出现精神症状，一定要去鉴别诊断是有精神分裂症，还是其他精神障碍。如果一出现精神症状，就诊断是精神分裂或其他精神障碍，有可能是过度诊断，因为伴有精神症状的抑郁症要比精神分裂症的病理性轻很多，也好治得多。

症状十一　自残行为

自残行为的专业术语叫做“非自杀性自伤”（以下简称“自残”），是指在过去一年，有五天或更多天数，该个体从事对躯体表面的可能诱发出血、淤伤或疼痛的故意的自我损害，预期这些伤害只能导致轻度或中度的躯体损伤（即没有自杀观念）。

自残在美国标准DSM-5中已经不再单纯是个症状，而是一个独立的诊断。但这个诊断是在美国标准第五版中才添加上来的，笔者猜想是因为专家们认为这种行为越来越普遍，才把它纳入诊断标准里来。但要澄清的是，自残并非抑郁症的典型症状，只是在青少年或青年抑郁者中比较常见。在美国标准和国际标准中并未把自残作为抑郁症的主要症状，只有中国标准纳入自残作为抑郁症的主要症状。

在自残的定义中可以看到，它特别指出是用尖锐的物体切开皮肤、刺伤皮肤，常见的主要是大腿、前臂这两个部位。除了用刀划伤以外，还有其他可能自我伤害的方式，比如用烟头烫伤自己，还有一些青少年情绪激动的时候用头撞墙，这些行为并不算是典型的自残行为，但近些年，自残定义的外延有不断扩大化的趋势。

为何自残作为一种行为却被认为是精神心理症状呢？

那是因为自残这种行为背后有明确的精神心理因素在驱动，比如说某种强烈的情绪，包括暴躁、急躁、烦躁、迫切、急切、焦灼、煎熬和愤怒等情绪，这些情绪会产生自残的冲动行为。

那么哪种情绪跟自残最密切相关呢？

有众多心理研究认为，跟自残最密切相关的两种心态，一种是羞耻感，另一种是极大的内心痛苦。羞耻和极大的内心痛苦有共同之处，被认为是能量感最低的情绪状态，无法缓解，无法释怀。在这种状态中，没有谁可以坚持多久，总想找个地缝钻进去，如果没有地缝，就想要尽快找个方法缓解这种感觉，自残就手到擒来了。自残之后，流血的刺痛感可以刺激大脑分泌内啡肽，瞬间就化解了疼痛，同时感受到一种“快感”或“爽感”，这就是为什么自残也会上瘾的原理，我们把它称之为“痛瘾”。

关于自残背后的原因，笔者简要总结为如下十点：

- 缓解负面情绪（羞耻感是最强驱动力）
- 解压方式（即时解压）
- 重获控制感（貌似对情绪有掌控感）
- 习惯行为（和痛瘾有关）

- 吸引注意，求救信号（不可轻忽）
- 作为要挟条件，达成愿望（具有操控性）
- 跟随潮流（对自我不认可）
- 打发无聊（心智不成熟）
- 感受刺激（躁狂时尤其明显）
- 缓解重度抑郁的麻木感（想要感觉自己还活着）

缓解负面情绪，尤其是羞耻感，在自残的原因中是最常见的。在中国文化里不太提羞耻感，有一个成语叫做“恼羞成怒”，其实说的就是一旦有了羞耻感，就很快转变成愤怒，来掩盖羞耻感。我们总是想方设法逃避羞耻感，自残就是青少年或青年逃避羞耻感的一种方式。

从另外一个角度来看，羞耻感是自我价值感最低的时刻。每个人都有一定程度的自我价值感，当我们的自我价值感还算好的时候，可能觉得还行，甚至挺好，自信心和自我效能感都挺好，自我看待就倾向于积极；而当自我价值感比较低的时候，就会很自然地感受到自悲，觉得“我不行”“我不好”“我不能”“我做不到”“我真差”“我是个废物”；而当自我价值感极低的时候，就会感觉到羞耻。

羞耻感常见于哪些情况呢？

包括被父母批评、指责、否定、打骂或人身攻击，“你怎么连这个都不知道，你也太蠢了”“你这么多年真是白活了”“我怎么养了你这么个废物”“我真是太倒霉了，生了你这么个儿子”；包括被老师当众羞辱，“这道题我讲了那么多遍，你还是做错，你没长耳朵吗”“这次考试全班同学都及格了，只有你没及格，你真丢我们班的脸，丢我的脸”“你这么笨，还好意思来上学”“如果你再不及格，就别来上学了，我们班不要你这样的废物”；还包括被同学欺凌，“你怎么长怎么丑”

“你爸妈生你是这辈子最后悔的事”“你又丑又笨，还好意思活着”“你整天脏兮兮的，我看见你就恶心”，除了被言语羞辱外，还可能被殴打，就更会造成羞耻感。

这些负面情绪会带来极大的不适感，从本能反应来看，我们就是想要找到一种快速有效的方式来缓解这种痛苦，自残就显出其“优势”。下面具体讲解自残背后的原因。

通过自残缓解压力和缓解负面情绪有相似之处，只要一自残，就会觉得轻松舒服。如果每次这样做，都可以收获预期效果，那么就好像对情绪或压力有了一种主观的掌控感。说“主观”是因为这种掌控感其实是被动的，是并未直接解决问题的情绪掌控，而非对问题本身的掌控。但这种主观的掌控感足以欺骗大脑，让自己感觉还不错，进而形成一种习惯行为。

自残有时候是在发出求救信号，寻求关注，让人知道自己的状况很糟糕，但又不知道如何用语言表达，只能用这种方式表达。有些孩子在用刀划了自己以后还会发朋友圈，想要告诉别人“我有多痛苦”。很多孩子觉得父母不够理解他，怎么说他们都不懂，孩子很痛苦，所以会采取这样一种方式让父母去了解“我真的很痛苦”。

当孩子发现，每次这样做，家人朋友都会如此关心自己，父母甚至会满足自己的无礼要求，心里就会生发出另一种动机，就是用这种方式作为要挟，达成自己的非合理愿望。这种做法就变得具有操控性，而这种操控性就有演变成人格问题的倾向和趋势。

为了跟随潮流而自残的行为，可以从对自我不够认可、需要用和他人一致性的行为来获得认可的心理来理解。如果青少年是为了打发无聊而自残，就需要在心智成熟度上多发展。

最后两种情况是病症使然，一个是躁狂状态下寻求刺激，另一个是严重抑郁状态下想要打破麻木感，两种状态都有很大的生命风险。

症状十二 自杀

有些抑郁者会自杀这件事，大家多少有所耳闻，甚至多有耳闻。不管是从明星自杀的新闻中听说，还是从身边邻居、朋友的孩子跳楼自杀知道，有些抑郁者会有自杀的想法，在克制不住时就会采取行动，这也是大众害怕抑郁症的重要原因之一。

当听到有人因抑郁症想自杀的时候，一般人可能会觉得，“有什么想不开的”“有什么过不去的，扛一扛就过去了”“我也有难的时候，我就是这么扛过来的”“人生没有过不去的坎（只有爬不完的坑）”“难道还有什么比生命更重要吗”……

如果没有体验过抑郁者之苦，这些话说起来是很容易的。但如果体会过抑郁者的无助、无力、无望和无感之后，就会多少有些了解，知道这些抑郁者活着是如此之痛苦，甚至生不如死，或许对他们来说死已经不是一种痛苦，更是一种解脱。

临床上，精神科医生在做抑郁症评估的时候，总免不了要问到有没有自杀的想法以及一系列关于自杀的提问，以此来评估自杀风险，尤其是对于青少年患者来说，这是必须要问的一个问题。

很多人对询问自杀相关问题这种方式有怀疑，担心“本来他自杀倾向没那么严重，跟他讨论这个话题，是不是会让他更严重，是不是应该避而不谈这个话题”。这个疑问在业界有共识的看法，就是要谈，而不是回避，因为有技巧地敞开谈论这个话题可以有效化解自杀想法的张力。如果来访者真的有自杀想法，那就要评估自杀风险，并且采取一切可能的措施，来防范自杀的这种情况发生。

临床上，常常遇到一种非常让人为难的情况，就是当医生发现患者/来访者有自杀风险，且达到中度以上水平，作为医生有责任必须联系患者的家人或监护人。这在咨询伦理守则里有明确界定，这是保密条例外的条款。但很多患者会说："你千万不要联系我的家人""你一旦联系我的家人，不但帮不了我，反而会让我更加痛苦""你如果联系我父母，我就真的自杀"。

实际情况是：有些时候真的联系了家人，不但解决不了问题，反而让问题更复杂、更糟糕。很多问题本身就存在于家庭成员之间。比如说，触发孩子抑郁症的大部分原因可能来自父母不当的教养方式和沟通方式。如果父母知道孩子有自杀的倾向，不但不会安慰他，反而会批评、责备甚至辱骂他。孩子不但不能够得到宽慰、得到帮助，反而会更加痛苦。

面对这种情况，一般还是要先稳住来访者，不要让他因医生违背他的意愿联系家人而被激怒，之后冲动自杀。然后再看如何更多了解情况，考量到患者的年龄是否到了法定年龄，是否具备行为能力，是否具有自控力，除了父母以外是否可以联系其他患者信任的家人或朋友，提供及时的陪伴和支持，权衡利弊，综合考量，以对患者最佳的方式保护患者的生命安全。

抑郁者到底为何要自杀？对于青少年、成年人和老年人的不同人群，抑郁症自杀的原因亦有不同。请注意，当我们说抑郁者自杀原因的时候，所提到的影响因素或刺激事件都是在抑郁症的基础上发挥了最后一根稻草的作用，并非是这个事件本身造成自杀。

青少年抑郁者自杀主要包括如下四个方面：

学习压力太大　心理研究表明，学习压力是青少年自杀的最主要原因。在教育内卷的社会环境中，孩子们承受了从社会到家庭、从学校到家庭，再从父母传递来的层层压力，逐渐形成对学习功用的单一认知，认为如果学习不好，整个人生就废了。在学习出现严重问题时，青少年就会觉得人生无望。

如果已经促成抑郁症，那么在抑郁症的病症思维和情绪模式下，持续的学习压力和最后一根稻草的单次事件，如考试挂科等，就会把孩子压垮，采取自杀行动。

和父母关系冲突不断 青少年和父母可以因为很多因素造成关系紧张，冲突不断，包括学习问题、沟通问题、观念问题等。这种冲突的关系在青春期之前，家长还可以权威压制孩子，等到了青春期，借着青少年身体激素水平陡升，性情大幅波动，在家长一如既往的强刺激之下，就有可能会发生冲动性自杀事件。

在学校遭遇非常事件 目前，内卷式的教育理念极大影响了人们对教育的理解，给学生、老师乃至整个学校都带来了很大的压力，也催生了各种矛盾，特别是无理责骂或羞辱、校园欺凌等校园非常事件都有可能促成孩子自杀的悲剧。

精神心理病症因素 不管是抑郁症，还是其他精神心理病症，本身都有自杀风险。这就需要家长和专业人士对病症下的自杀风险引起足够的重视，以免悲剧发生。

了解了青少年自杀的影响因素，接下来看看成年人自杀的原因。

成年人的世界，真是不容易。不管是男性还是女性，都在承受着生活的压力、经济的困难、教养孩子的苦恼、人际关系的不顺、父母老人的生老病死，这种上有老、下有小、中间有世道的夹击之苦，恐怕是大部分中年人都在经历的。如果这些苦恼或痛苦已经促成抑郁症，再加上一不小心的意外事件，就更加无法承受。

成年抑郁者自杀的原因主要包括以下四个方面：

工作事业遭遇灾难性事件 成年人不管是工作不顺造成失业，还是创业不顺造成破产，都是极大的打击。在经济大环境不利的情况下，想要再翻身也有点难。全家人都靠着自己吃饭，作为男人如果不能给家人、爱人提供生活的保障，这对很多男人来说在内心是一个交代不过去的坎。

这些人为了给家人交代，在自杀之前可能会采取各种手段，合法的甚至非法的，给家人留下一笔财富，自己通过自杀消除后患，好像是牺牲了自己，成全了家人。殊不知，自己的离世才是家人最大的痛苦。

婚姻家庭遭遇重大变故　在这个时代，影响婚姻和家庭关系的因素太多太多，就算没离婚，有些夫妻的婚姻关系已经名存实亡。

在美国，曾经有一项民意调查，研究给人造成最大痛苦的事件是什么。结果发现，排在第一位的事件是丧偶。这说明在美国文化里，婚姻关系是一个人安身立命最重要的事情。在中国文化里，看待夫妻关系的方式虽然有所不同，但相信也同样对人有重大影响。

抑郁症病症之痛的基础上，加之婚姻家庭的重大变故，可谓雪上加霜，甚至会有毁灭性的影响。

艺术性想法　有些抑郁者具有极强的艺术感和艺术悟性，在艺术作品中体会生命的癫狂，甚至在这种癫狂状态下可以把自杀这件事情描述得非常具有美感、具有英雄主义感、具有道德感，进而早早确定以自杀这种方式结束自己的生命，只是在选择时机而已。

精神心理病症因素　同样的，任何一种精神心理病症都有自杀风险，成年抑郁者有15％最终以自杀结束生命。这不得不说是一种极大的威胁。

人如果度过了中年危机，本该安享晚年。可没想到，到了晚年，仍然持续受到抑郁症的威胁，甚至造成自杀风险。

老年抑郁者也有自杀的情况，主要原因包括以下五个方面：

无法调适身份角色转换　有些抑郁者在退休之前是在政府部

门任职要位，呼风唤雨，叱咤风云；还有些是自己做企业，也是风生水起，意气风发。可是年龄一大，要么退休，要么退位，一下子没事做了，心理落差极大，很容易抑郁。如果不能及时干预，找到新角色、新目标，抑郁就会不断加重。加之如果之前在位时那些好声好气对他的人，在他退位之后，显出完全不一样的面孔，也会对心理造成冲击，甚至产生自杀冲动。

丧偶 前面讲到，在美国，丧偶可以是最严重的生活刺激事件。在中国，同样会对心理造成强烈冲击，有个相处了一辈子的人，已经习惯了，忽然这个人没了，怎么都习惯不了，觉得一个人活着没意思了。

儿女不孝顺 如果老伴儿没了，儿女再不孝顺，甚至对老人百般苛刻、无礼对待，让老人伤透了心，也会造成很大的自杀风险。

重大躯体疾病 人年纪大了，就容易生各种各样的病症，有些大病迁延不愈，造成家人沉重的负担，不管是经济负担还是精神负担，都让患者心里过意不去。时间久了，就感觉自己成了家人的麻烦和拖累，无法释怀。

精神心理病症 老年抑郁症和其他精神心理病症都会造成自杀风险，尤其是带有幻听、妄想的症状，更容易带来自杀行为。

关于自杀方式，请谅解笔者不会在这里详细罗列，以免对任何人有误导。

三、抑郁症的躯体症状

了解了抑郁症的精神心理症状之后，接下来分享抑郁症的躯体症状，主要包括睡眠障碍、食欲不佳、性欲下降、注意力不集中、记忆力下降、脑力受损和躯体疼痛等。

症状一　睡眠问题

不管是成年人，还是青少年，一旦抑郁，都可以有睡眠问题。

成年人的睡眠问题可以体现为入睡困难，半夜容易醒且醒多次，睡眠总体时间短，早醒和睡眠过多等特点。

入睡困难是指躺下尝试入睡半小时以上未能入眠。半夜容易醒的话，如果醒来之后可以很快再睡过去，一般问题也不大。但如果半夜不管是2点，还是3点或4点，醒来之后就睡不着了，要1—2小时才能再睡过去，那恐怕就会严重影响第二天的精神状态。

睡眠总体时间按照目前的主流观点，青少年需要8小时左右，成年人在6—8小时都可以。周间睡不了这么多，周末适当补补觉也问题不大。如果因为失眠，明显少于这个时间长度，持续2周以上即可算作睡眠症状，但尚未达到睡眠障碍的程度，因为睡眠障碍要持续3个月以上，只是说可以作为评估抑郁症的一个症状标准。

早醒是指比平时醒来的时间提早了2小时以上，而且醒来之后无法再入睡。

睡眠过多对抑郁症来说既有躯体因素也有心理因素。躯体因素是指身体生物钟混乱，强烈的疲累感等。心理因素是指抑郁者总觉得无法面对白天的时间，太煎熬了，无法面对就倾向于睡觉，只要睡觉就不用面对了，就会造成睡眠过多的表现，一天睡14—16小时，甚至更多。这种睡眠过多的情况和躯体病症或药物带来的嗜睡是不同的概念。

很多孩子在抑郁状态下，睡眠也成为很严重的问题。

按理说，青少年不应该失眠，但抑郁的孩子的确有失眠的情况。只不过，抑郁孩子的失眠有时候并非病理性的，而是因为睡眠习惯不好造成的。比如，连续一周晚上玩游戏到后半夜，游戏的刺激带来大脑皮层的兴奋，不容易入睡，时间久了就习惯了；又比如，习惯性晚上和网友聊天，因为白天没时间聊天，也没心思聊天，都被学习侵占了，到了晚上就好像放飞自己一样，畅快地聊，尽情地聊，聊得都不想睡觉了。

睡眠问题可以有不同的表现形式。总体来说，70％的抑郁者都有睡眠困扰。有很多抑郁者先是因为睡眠问题就医，以为自己就是睡眠问题，但是评估下来发现有抑郁症。每当有人以“睡眠问题”为主诉来找看病时，医生需要提及抑郁议题，免得漏诊。

症状二　食欲不佳

抑郁状态下，常见吃不下饭，吃什么都感觉不到美味，味同嚼蜡，尤其是之前还对一些美味有兴趣，现在明显减退，甚至吃什么都感觉不到味道。

食欲不佳和食量下降都会造成体重下降，体力不支，还会造成合成重要神经递质5－羟色胺的原料不足，进而造成情绪低落。

有人会觉得这挺好，正好减肥了。但对抑郁者来说，如果连享受食物的权利都被剥夺了，那是一种雪上加霜的痛苦。

症状三　性欲减退

性爱可以带来欢愉。如果抑郁者可以通过正当的性生活享受愉悦感，那还可以对抗一些抑郁情绪。但事实是，有些抑郁者的性欲会有明显减退的迹象。之前生龙活虎，现在虎威发不出，没有任何性需求、无法产生性兴奋。

在中国的文化里面比较少提及这一点，“性”对于中国人来说比较羞于启齿，但“性欲下降”是抑郁症的一个重要症状，所以在临床上做评估时，还是要提及这个问题。

症状四　注意力不集中

很多人很难把注意力不集中这个症状跟抑郁症联系起来，觉得注意力不集中跟抑郁症有什么关系呢？不得不说是有关系的。很多抑郁者不能集中注意力，自然就无法读书，也无法思考，只读几分钟或十几分钟书就不得不停下来。这种注意力无法集中的问题会严重影响学生的学习和成人的工作。

症状五　记忆力减退

长期抑郁者会有明显记忆力减退的问题，这是因为大脑管记忆的部位海马体的神经细胞遭受抑郁症的侵蚀，大面积受损。正因为如此，严重的抑郁症需要尽快得到药物治疗，免得侵蚀大脑，造成功能减退。

症状六　脑力下降

脑力包括注意力、记忆力、理解力、信息提取、语言组织等认知功能。长期严重抑郁者脑力下降明显，具体表现为大脑在接收信息、识别信息、匹配信息、分类信息、存储信息、识别场景、分析场景、调取信息、综合理解场景信息等方面的能力有所下降。

感觉之前读书很顺畅，速度也很快，现在读书读不太懂了，速度也提不上去了；之前听人说话很快就能反应过来，明白对方在说什么，甚至话外音都能听出来，现在要想半天才能明白对方在说什么，显得思维迟缓，俗称“反应慢”，甚至想半天都想不明白；以前要说什么话张口就来，现在要想半天也组织不起来语言，不知道怎么说，不知道说什么，甚至说着说着就不知道自己在说什么了；以前不会在一个概念上反复纠结，现在反复纠缠一件事、一个概念、一个想法，理不清楚。

症状七　躯体疼痛

躯体不适或疼痛常常是一些青少年或者是老年抑郁者首发的症状。

似病非病，感觉自己生病了，却查不出来问题，去检查身体都是正常的，心电图、B超、血液检查都正常，但就是整个人状态不好，感觉病恹恹的，头痛、头昏，全身各部位都会有疼痛感，主要包括头痛、背痛、胸痛、腹痛、关节痛等，疼痛时间超过一个月。

抑郁者慢性疼痛的发生率高达40％—60％。慢性疼痛患者平均拖延11个月才就诊，就诊5次后才能确诊为抑郁症。72％慢性疼痛患者即使被确诊也无法在短期内认识到长期困扰自己的问题是抑郁症引发的。

四、抑郁症的躯体影响

抑郁症的躯体症状是已经发生且可以感觉到的，还有一些影响是暂时未体现出来，也检查不出来的。这些躯体影响可以通过身体各系统和器官逐渐体现出来，包括心血管系统、消化系统、血液系统、免疫系统、内分泌系统和癌症等方面。

1. 心血管系统

抑郁症和心血管系统密切相关。有研究发现，抑郁症明显增加心脏病患者心血管不良事件的发生率。心血管不良事件就是心血管的病症发作，包括心脏本身和供应心脏的血管发生疾病的状况。抑郁症也会使心脏病患者2年内的死亡率翻倍。

2. 消化系统

抑郁症影响消化系统非常明显。抑郁者食欲不佳就是对消化系统影响的表现。

3. 血液系统

有研究认为，抑郁者存在血液高凝状态。血液的高凝状态可不是一件好事，因为一旦血黏度高就容易发生血栓。2015 年《欧洲心脏杂志》发表了一篇文章，讨论了抑郁状态导致血栓形成的分子机制。

4. 免疫系统

研究发现，在无心衰抑郁者当中，超敏 C 反应蛋白、纤维蛋白原、TNF－α、IL－1、IL－6 都是升高的，这些升高的指标在提示抑郁者的免疫系统正在遭受失衡的风险，而这种免疫失衡可能是抑郁症和心衰的共同病理基础之一。

5. 内分泌系统

研究认为，抑郁症不但是构成 2 型糖尿病发生、发展的主要危险因素，而且对 2 型糖尿病患者的心理、生理、并发症的发生、血糖调节以及治疗等方面都会产生复杂而显著的影响。

6. 癌症

现在越来越多的研究认为，癌症跟情绪是有关的。

同时，抑郁症还会影响患者对癌症治疗的依从性，使预后恶化。依从性是指当患癌以后需要进行相关的治疗，抑郁情绪就会告诉患者“治也没用，还不如不治”。所以治疗的依从性，即按医嘱行事、配合治疗的这种心态就会变差，变得消极、悲观，治疗效果就变差。癌症患者当中被明确诊断的抑郁发生率是 10％—25％，在癌症被诊断之前就有抑郁症的人群比例尚不得而知，笔者相信会更多。

本章闪问闪答

1. 问：抑郁症的早期征兆有哪些？

答：早期征兆是指症状严重程度不高，甚至都还不算是症状，且持续时间不长，但已经有一些苗头和发展趋势，如果不及时干预，会发展得更严重。

抑郁症的早期症状可以从多方面来看，主要包括情绪很低落，但持续时间一般几分钟、几个小时，很少有几天，更少超过一周；兴趣减退，之前感兴趣的事情，现在没那么感兴趣了，但也只是暂时不感兴趣，或并没有失去所有的兴趣；忽然不怎么想见人了，人际方面开始有退缩迹象，见到人就浑身不自在；静不下心来，本来能够专心去做一件事情，去学习或是工作，现在专心不了，静不下心；睡觉睡不着，入睡有困难；食欲下降，对之前感兴趣的食物现在没什么兴趣了；做事情的动力在减退，做事情经常容易累，发现对生活好像没有那么大的热情，整个人的活力不如以前。

这些都有可能是抑郁症的早期征兆。

2. 问：抑郁症还有哪些症状表现？

答：抑郁症的症状表现可以非常具有特异性，和通常看到的不一样，但核心症状还是会覆盖情绪低落、兴趣减退和精力不济三个方面。

3. 问：抑郁症是否可能没有任何症状？

答：抑郁症不会没有任何症状，即便表面看上去没有任何症状，也不代表在身边没人时、在夜深人静时、在无人知晓的角落里，不会情绪低落、情绪崩溃。

4. 问：抑郁症最严重的症状是什么？

答：大多数人的观念中会认为，抑郁症最严重的症状是自杀行为。从专业角度来看，自杀是危及生命的行为，属于抑郁症最危急的症状。

还有人认为抑郁症最严重的症状是对未来没有盼望，因为人一旦没有了盼望，这个人的状态是完全懈怠的，对任何事物都没有兴趣和热情，面对生活工作没有斗志和干劲，丧失信心，对未来没有任何盼望。

也会有人认为，抑郁症最严重的症状是自我价值感低。即使对未来有盼望，也会认为自己做不到、没有用，遇事常会往负面想，认为自己没有任何往积极方向改变的可能性，经常沉浸在悲伤中，甚至觉得自己是个废人，开始自暴自弃。

同样也有人有不同于以上这些看法，认为失眠是抑郁症最严重的症状，因为当人长期处于失眠状态，会出现神经衰弱、精神萎靡、头晕眼花等躯体性症状，会时常感到万念俱灰。

个体之间存在差异，具体表现会有不同，所以每个人的体验感也不同。

5. 问：微笑抑郁症是怎么回事，如何识别？

答：微笑抑郁症也是一种非正式诊断，但其存在也具有一定的普遍性，所以有这样一种约定俗成的说法，主要是指表面没有抑郁症状，看上去还有笑容，走到哪里见到谁，都让人觉得情绪很好，根本不像抑郁症，但实际上在人后，内心已经崩溃无数次。这种抑郁症患者的自杀率很高，因为内外不一致带来的张力会越来越大，直到崩溃。

6. 问：抑郁症的症状表现会不会有间歇性？

答：抑郁情绪可以有间歇性，但是抑郁症比较少有间歇性，往往是持续存在，甚至会加重、持续加重恶化的。抑郁症即便有所谓的间歇性，也是在正常基线以下水平，只是不那么严重而已，且持续短暂，很快又会陷入严重的低落中。

7. 问：抑郁症的症状是否可以伪装出来

答：面对非专业人士，包括家长和家人，抑郁症是可以伪装出来的，因为非专业人士不知道如何分辨伪装的症状和真实的症状。但需要注意，有时候我们认为的伪装有可能是针对特定人群、特定关系才表现出来的抑郁症状，这种症状并非伪装，而是被特定人刺激的真实反应，而不见这些人的时候，就没有表现。

8. 问：抑郁症的症状和懒惰有何区别

答：懒惰是想动可以动起来的，或者被外界催促和推动一下还是可以动起来的，情绪不好是想调整就可以调整过来的，感觉上没有兴趣，但一旦做起来就觉得还挺好玩的。而抑郁症的症状是有无力感的，是想动也很难动起来的，想调整也调整不过来的，即便做起来也不觉得好玩。

9. 问：抑郁者能结婚吗？

答：法律中没有规定抑郁症患者不能结婚。但是婚前需要如实告诉对方，最好不要隐瞒。只不过说抑郁症患者要找到一个不介意有抑郁症的伴侣进入婚姻并不容易(如何陪伴抑郁者会在第十章详述)。

10. 问: 产前和产后抑郁在发病原因和症状表现上有什么区别?

答: 产前和产后抑郁都同时有躯体因素和心理因素的双重影响。

躯体因素主要是指激素水平的变化和躯体不适的感受。女性在产前和产后都会有激素水平的大幅度变化,造成情绪不稳。产前和产后也都会有身体不适感,产前因为怀孕状态的身体不适,产后因为生产带来的身体不适。

产前的心理因素包括身份角色由职场女性转为长时间休假女性、丈夫在孕期与自己的关系、婆媳关系及其他家人关系、对生产风险的担心和对养育孩子的担心等;产后的心理因素包括如何恢复身体健康和身材、长时间休假女性考虑如何回归职场、对社会脱节问题的担心、二人世界变成三人或四人世界、夫妻关系、婆媳关系及其他家人关系、养育孩子的担心和经济负担等方面。

产前和产后抑郁的表现大同小异,更多是刺激因素和抑郁内容上会有不同。

11. 问: 产前和产后抑郁如何预防

答: 预防就是针对可能出现的情况做针对性的防范措施。具体包括:

措施1: 知识科普。关于育儿、教养方面的知识需要持续补充和跟进,减少不知情、不知道、不确定带来的悬空感。

措施2: 夫妻沟通。夫妻关系是这个阶段最重要的支柱,保持好的沟通可以提供强有力的支持。

措施3：隔离压力。如果家庭关系有压力，就隔离关系；如果工作有压力，就隔离工作；如果孩子让妈妈有压力，就暂时或间歇性隔离孩子，借此隔离压力。

措施4：兴趣爱好。不管时间多紧，自己都要保持一些特有的兴趣爱好，且是可以通过努力精进的，而不仅仅是一种放松方式。

措施5：专属时间。不管作为妈妈有多么重大的责任，都需要意识到先照顾好自己更重要。给自己专属的时间做自己专属的事情，不被打扰，这就需要家人创造条件给妈妈这样的时间和空间。

措施6：社交关系。不管身体多不情愿，都要保持一些社交关系，可以是闺中密友，也可以是一些有助于获取知识、拓宽视野的社交关系，这些关系联结可以保持大脑的活跃状态和心态的稳定。

措施7：心理咨询。找到合适的心理咨询师始终是非常有效的支持和保障。

12. 问：有时候有厌世的想法，自己设想个死亡方式，但只是对自怜厌世的一种回应，没有到行为层面，这算是抑郁吗？

答：如果已经有了自杀的想法，并且考虑到怎么样去死，那就不一定是单一的症状，可能已经有了情绪低落、兴趣丧失、悲观消极等表现，就需要评估自杀风险。如果已经设想怎样去死的具体方案，且不是一闪而过的想法，而是持续的想法，就不能简单认为是随便想想，必须引起重视，赶紧去看精神科医生，评估判断是否达到抑郁症诊断标准。

第三章

抑郁症的
病因有哪些

抑郁症的病因有哪些

前一章讲述了抑郁症是什么病，具体有哪些表现。了解了这些信息之后，自然就想要问，"到底是什么因素造成了抑郁症的发病呢?"

通俗来讲，我们会问"抑郁症是什么病因造成的"。但其实，对于抑郁症来说，没有所谓的"病因"，因为在抑郁症的发病机理中没有一对一的因果关系，只有多对一的相关关系，即并非某个特定原因造成了抑郁症，而是多种影响因素综合促成了抑郁症的发病。

有些抑郁者会长时间陷入抱怨和困惑中，觉得"凭什么就我这么倒霉，得了抑郁症""就是因为我妈抑郁遗传给了我""就是因为我高考失败了，才得了抑郁症""就是因为我失恋了，才得了抑郁症""就是因为我失业了，才得了抑郁症""都怪我最好的朋友背叛了我，我怎么也无法释怀，就得了抑郁症""我生来就是这性格，不得抑郁症才怪呢""我到底为什么会得抑郁症啊"。

其实，这些说法都没有表达出对抑郁症发病的正确理解。

影响抑郁症发病的因素非常多，有的是遗传，有的是家庭环境，有的是成长经历，有的是人格特质，这些因素对抑郁症的发病都有影响。但抑郁症并非是单一因素促成的，而是多种因素综合作用，最终促成了抑郁症的发病。

为便于阐述，我们把这些影响因素分为两大类，分别是外在因素和内在因素。

外在因素包括所有外在环境中发生的一切。这里所说的外在环境包括出生前在孕期就有的外在物理环境和化学环境，出生后开始存在的家庭环境，家庭住址周边的生活小环境，开始去幼儿园至后来上学的学校环境，在上学过程中逐渐开始接触、毕业后开始大面积接触的社会大环境。

外在因素就是指在这一切环境中的人、发生的事以及这些人和事对我们产生的影响。

内在因素则是相对于外在因素的人内部的一切环境和要素，包括出生前就有的基因遗传因素，也包括出生后逐渐形成的性格特点和人格特质。这里所说的性格特点和人格特质主要是指外部因素刺激个体激发回应的内在机制，即在受到外部刺激时反应模式的内在基础。当然，这些内在机制也是由基因遗传因素和外在环境因素共同作用促成的，但因为这些内在特质在抑郁症的发病中具有特殊地位，又对疗愈抑郁症是很重要的切入点，所以把它们单列出来进行阐述。

接下来分别阐述外在因素和内在因素如何影响我们，进而造成抑郁症发病的。

一、 抑郁症发病的内在因素

内在因素 1　基因遗传

基因遗传因素在很多躯体病症中都有体现，抑郁症不管是作为躯体病症，还是精神病症，也不例外。

当前研究发现，跟抑郁症有关的基因大概有两百多种，这说明抑郁症的基因遗传并非点对点遗传，而是多基因遗传。点对点的基因遗传是指有一个基因与抑郁症有关，有这个基因，就会得抑郁症；没这个基因，就不会得抑郁症。实际上，是这两百多种的基因相互作用，对大脑神经系统的各部位和工作环节造成影响。所以才会说，抑郁者的大脑并非只是一个部位出了问题，而是多个部位都有问题（抑郁者的大脑出了什么状况，具体将在第五章讲解）。

这些和抑郁症相关的基因被称为“易感基因”，意思是有这些基因，就更容易得抑郁症。请注意，即便有这些基因，仍然不是一定会得抑郁症，而只是更容易得，因为抑郁症的发病并非只由基因决定，还有其他很多因素影响。

随着科学研究的推进，可能会有越来越多的抑郁症易感基因被发现，在这些基因之间到底发生了什么故事，有怎样的相互作用机制都有待进一步发现。

如果说抑郁症具有基因遗传的特点，那么就会有人问：“是不是最初老天在创造人类的时候就创造了这个基因呢？”其实并不见得。

人类在最初的时候，可能也没有高血压、糖尿病的遗传性，也没有近视眼的遗传性，可现在为什么就有了呢？那是因为人类的基因在生物演变过程中不断与所生存的环境相互作用，环境对基因有反馈性影响，可以在一定程度上改变基因的表达。这就是“表观遗传学”研究的层面。

表观遗传学是指研究在不改变DNA序列的前提下，哪些机制造成了可遗传的基因表达变化或细胞表现型的变化，以至于在外在表现上或发病易感性上出现不同。有了表观遗传学的概念，就不难理解人为什么在最初没有这个基因，现在却有了这个遗传性。

那么拥有这些易感基因，到底有多容易患抑郁症呢？

研究表明，抑郁者的一级亲属患病风险是一般人群的2—4倍以上。一级亲属的概念就是父母、子女、同父母的兄弟姐妹。如果在一级亲属中有任何一个人有确诊的抑郁症，那么患这种抑郁症的风险比一般人要高2—4倍以上。2—4倍的概念需要基于对抑郁症的终身患病率来理解。

疫情之前，中国官方数据显示，抑郁症的终身患病率大概在7%左右①，意思是说在人的一生当中，罹患抑郁症的可能性有7%左右。那如果在你的一级亲属当中，有人已经确诊抑郁症，那么你罹患这种抑郁症的风险可能就是7%的2—4倍，即14%—28%。疫情之后，据多重数据显示，抑郁症患者人数陡增，终身患病率可能会随着社会环境变化有大幅增加的趋势。

听到这里，大家可能会有些心慌慌。需要再次澄清，即便有易感基因也不一定会得抑郁症，因为遗传因素并非抑郁症发病的唯一因素。家系研究和双生子研究显示，遗传风险因素在抑郁症发病风险中起到30%—50%的作用，意思是如果有人得了抑郁症，在原因比例划分中，有大概30%—50%的原因可以归结于遗传风险因素，另外的50%甚至70%的因素要归结为其他原因。也就是说，遗传因素占比不到一半。

说到这里，很多人就开始对易感基因产生兴趣，就会问“我怎么判断自己有没有抑郁症的易感基因呢?”

一般来说，精神科医生在临床上是通过询问家族史来初步判断的。家族史就是了解直系旁系三代以内有没有人罹患抑郁症。但通过对家族史的了解来判断易感基因的遗传度显然是不准确的，因为很多情况是，即便有家族史却没有正式诊断，这就导致家族史的遗传度不确定。家族里面有确诊抑郁症的亲属对我们的易感基因

---

① 数据来源：HUANG Y, WANG Y U, WANG H, et al. Prevalence of mental disorders in China: a cross-sectional epidemiological study [J]. The Lancet Psychiatry, 2019, 6(3), 211 - 224。

的判断才是有帮助的。

有明确家族史是不是就表明后代拥有抑郁症所有的易感基因，非也。要想知道拥有多少易感基因，可以通过基因检测来确定。现在基因检测科技发展迅速，有很多基因检测公司，可以对整个人类基因组进行检测。但又因为目前对抑郁症的易感基因还在继续探索中，虽然已经发现 200 多种，但是远远还没有结束，并且这已经发现的 200 多种基因当中，它们是相互作用、配合、促成抑郁症的发作机理也非常不清楚，哪些基因起到关键作用，哪些基因只起到辅助作用，都没有一致性结论，所以笔者个人认为，目前的抑郁症基因检测只能做参考，并不准确。

前面提到基因遗传因素对抑郁症的发病影响占比不到一半，那么剩下的一大半是什么因素在影响我们呢？

内在因素 2　人格特质——内向寡言

内在因素中有很多种人格特质会影响抑郁症的发病。首先看内向寡言。

内向是指在语言、行为和任何与人的互动方式上缺少向外的表达方式，就是我们平时所说的"不苟言笑""不善言辞""给人感觉闷闷的"。大家注意到这些描述里很多都和语言有关，因为语言表达是人类表达自己非常重要的方式。

语言可以表达具体的思想、想法，也可以表达抽象的认知以及内在的情绪情感。

为何在探讨抑郁症的时候我们会提到内向寡言呢？这是因为内向的性格、不善表达会造成很多情绪积压在心里，时间久了，就会造成情绪能量淤结，表现为抑郁状态。

有些人生来内向，不善表达。小时候不会觉得这是什么大事，但不知不觉在很多事情上，都有这种产生了情绪反应却不能表达出来的情况，久而久之就会造成情绪机能失调。

用语言表达情绪的过程涉及对情绪的觉察能力、识别能力、分辨能力、感知能力以及情绪的语言表达能力。遗憾的是，在中国文化中，传统的家庭教育不太关注情绪的部分。不管是大人还是孩子，都不懂得表达情绪感受，要么什么都不说，要么就是爆发式表达，大喊大叫，毁物伤人，这是因为情绪累积到了爆发的程度。如果在平时就能通过语言表达有效消解这些情绪能量，也就不会到爆发的地步了。

内在因素3　人格特质——多愁善感

多愁是指容易在事件或关系的反应上体现出担心和忧愁的特点。善感是指神经系统对外在事物的反应比较敏感，甚至有时候达到了过敏的程度。如果只是善感也无妨，关键是到了过敏的程度时，就会成为负担。

一说到“多愁善感”，有些人可能会第一时刻想到《红楼梦》中的林黛玉。印象中，林黛玉以柔弱多愁著称，心思细腻敏感，很少有笑容，这种性格特点或许为她后来疑似患有抑郁症埋下了伏笔。这种积压在心的忧愁无法释怀，久而久之就会积郁成病。

请注意，多愁善感可能发展成为抑郁，也可能发展成为敏锐捕捉情绪的心理咨询师、敏锐感受文字力量的作家、敏锐体会音乐美妙的音乐家、敏锐创作艺术意境的画家等，意思是这种特质可以有不同的发展路径，就看你如何使用它。

内在因素4　人格特质——压抑克己

压抑克己是指在生活场景中遇到的一些人和事已经造成了内在的想法和感受，但刻意不表达出来，压抑在心里。

内向寡言是指不善表达，多愁善感是指生发情绪多而强，而压抑克己是指在特定场景下已经生发了明显的情绪，却以克制、向内的方式处理情绪，强压情绪。

可想而知，这种压抑的性格特点更容易造成负面的情绪能量淤积。这种压抑克己的应对方式非常有害，相当于把一种呼之欲出的情绪强硬地怼回去一样，会造成内伤。遗憾的是，抑郁者如果习惯性这样做，内伤都感觉不到，而是会渐渐变得麻木。表面看上去的麻木其实是内伤加重的过程，直到伤到病的程度。

请注意，我们很容易有矫枉过正的倾向，就是说，当意识到压抑如此有害，那就会向反方向狂奔，变成肆意宣泄情绪，而这并不是处理情绪最理想的方式。情绪需要表达，且用合情合理合适的方式表达，才更健康。

内在因素 5 人格特质——孤僻离群

孤僻离群是指不愿意、不擅长、不喜欢、不享受人与人之间的交流互动。这样的人总体给人不合群的感觉，他在人群中总是觉得怪怪的，总想找机会逃离人群，找到一个没人的地方，或只有最熟悉的人在身边，才觉得自在安心。

孤僻者有一个很大的特点，就是无法耐受与人在一起的尴尬感。很多孤僻者的口头禅是“这太尴尬了”“要尬死了”“我真受不了这种尴尬”“简直尴尬癌了”，甚至在人群中无法开口讲话，即便讲话也只是只言片语。

为何说孤僻者容易抑郁呢？因为人的社会属性决定了人需要彼此之间有互动，有情感交流，有心与心的触碰，并由此感受到一种情感的表达和接收，借以满足内心。如果因为各种原因不与人接触，好像自己一个人最自在，看上去好像免去了很多与人接触的尴尬也好、障碍也罢，岂不知内心缺少了情感流动的滋养。

不排除有些人具有丰富的内心世界，即便不与人交流也可以保持丰富的情感流动，那想必也是有其他的情感表达方式，比如写作、歌唱、绘画、表演等，这些都是情感表达方式，只不过这些是单向情感表达，不太有情感互动，也就少了些互动带来的共鸣。

内在因素 6　人格特质——兴趣寡淡

兴趣爱好可以给人带来愉悦感。

世界如此丰富，总有一些事情可以激发内心的热情，带来活跃，带来动力，带来想做这件事的欲望。人在做的过程中感到愉悦，在做完后感到满足。

但如果一个人没有什么兴趣爱好，接触了很多事物，包括各种乐器、各种运动、各种艺术表达形式，都感受不到兴趣被调动，感受不到愉悦和满足，这种兴趣寡少的状态常会让人感觉生活乏味、空洞，也会带来抑郁风险。

内在因素 7　人格特质——高标准和严要求

抑郁者可以对人、对事有很高的标准、很严的要求。这种特点可以是与生俱来，也可以后天习得。

他人认为已经很好了，抑郁者却觉得不够好，甚至远远不够好，觉得“我为什么做不好呢”“别人能做好，我也要做好，还要做得比他们更好”“怎么这里又没做好呢”“那里也让我不满意”“这一点都不好，达不到标准就是废物”。

这种高标准、严要求决定了在事情、关系没有如愿达成期待时，会自然生发心理落差，感到失望、沮丧、挫败，这些情绪都是自然反应，需要疏解和表达。如果表达不畅，情绪疏解不开，就容易抑郁。

内在因素 8　人格特质——承受力弱和耐受度低

如果事情或关系没有达到期待的效果，心理落差是需要承受的，但抑郁者未必具备这样的心理承受力以及对不完美现实的耐受度。

有些抑郁者看到这个标题的时候，心里就开始觉得不满了，觉得你们这些医者“站着说话不腰疼”“自己没抑郁过，根本不懂我的苦”“根本就是胡说八道”。

笔者非常能够理解这些想法，因为笔者自己在抑郁时被这样看待，也曾有过这些想法。不但有这些想法，甚至有想打人的冲动，这既是一种愤怒的反应，也是一种痛苦的宣泄。

并且，抑郁者这些想法是有道理的，因为一个没有抑郁过的人在描述这些逻辑的时候，看重的是逻辑正确、理论正确、方法正确，言外之意好像是说，“只要我说得对，你就应该听，你就应该照做，你听了也做了，抑郁就好了”。事实上真的是这样吗？

从笔者经验来看，事实恰恰相反。

抑郁者看重的更多不是逻辑正确、理论正确。方法正确，而更多看重的是“你有没有理解我”“有没有倾听我”“有没有听懂我”“有没有看见我”“当你用你所谓正确的逻辑、理论和方法对我义正词严的时候，我觉得你根本不具备理解我的能力”。

基于以上逻辑，我们在说到“承受力”和“耐受度”的时候，需要特别小心，谨慎措辞，平衡看待医者和患者的不同视角。

那么一个人的“承受力”和“耐受度”是如何发生的？

如果“承受力”和“耐受度”这件事可以完全靠遗传得来，那么父母有没有遗传这种能力给孩子就成了关键点。而且如果父母没有遗传给孩子，怎么怪得了孩子？如果“承受力”和“耐受度”这件事可以完全靠孩子自己后天训练得来，那么在此训练中过程中父母扮演什么角色，是否需要提供孩子训练的环境、机会和土壤，还是可以由孩子完全独立承担？

其实，恐怕两者都不完全和纯粹。

如果用一段完整的话来表达“承受力”和“耐受度”到底如何发生的，笔者会尝试如下描述：一个人的“承受力”和“耐受度”是在基因遗传基础上通过后天环境不断训练而来，这种训练在孩子尚未具备自我和自主意识前就应该已经由父母主导开始了，且在孩子逐渐长大、逐渐形成自我和自主意识之后，由父母主导逐渐转换为孩子主导，尤其是在孩子成年后逐渐形成的第二认知系统中着力塑造而成。即便在由父母主导的过程中，“承受力”和“耐受度”这种特质没有被训练塑造好，孩子在成年之后的第二认知系统中仍然具有强大的重塑能力，但父母主导的敏感期阶段对后续的重塑具有难以预估的重大影响。

在这个描述中，有以下七个关键点：

关键点 1：基因遗传因素 “承受力”和“耐受度”一定会受到基因遗传因素影响。这一点可以从神经敏感性角度和认知发展水平两个角度来理解。

大脑神经敏感性和钝感性与基因遗传因素有直接关系，同时也直接影响对压力或刺激事件的反应，即敏感的神经反应就大，钝感的神经反应就小。

认知发展水平也和基因遗传因素所决定的脑回路疏密度有直接关系，认知发展水平高，对压力和刺激事件的理解力就高，反之则低。

关键点 2：后天可训练 “承受力”和“耐受度”不完全由先天决定。诸多心理学研究表明，“承受力”和“耐受度”是可以后天训练的，且是需要训练的。即便先天从基因上有好的遗传，如果没有训练，也未必能发挥出来。

关键点 3：先由父母主导 在孩子年龄还小的时候，尚未建立自我和自主意识时，很难由孩子主导实施“承受力”和“耐受度”训练。那么到底多小算小？目前脑发育理论认为，孩子在 0—3 岁、3—6 岁和 6—12 岁三个阶段分别是大脑发育的基础阶段、关键阶段和初步成熟阶段。3—6岁开始具备带有抽象思维的认知能力；之后到12岁，这种能力不断发展成熟；到12岁之后，就可以形成比较明确的自我和自主意识。

在大脑初步成熟，可以进行比较深度的抽象思考的12—18岁，孩子很多时候已经开始有自己的价值判断，有自己独特的应对方式，可以选择用什么方式面对外在环境的影响。这时候，孩子就可以选择对自己进行相应的心理特质训练。

关键点4：主导角色转换　如果12岁之前，父母主导训练孩子对“承受力”和“耐受度”的认知效果比较好，那么12岁之后，孩子就可以逐渐主导自我训练，实现主导角色转换。虽然主导角色要转换成孩子，但家长并非就可以袖手旁观了，而是要不断引导、归正、扶持和帮助。在18岁之后，孩子就应该具备自我和自主意识，以更强的主导意识来选择自己想要的价值观和心志训练的方向。

关键点5：第二认知系统　第二认知系统是相对于在父母所主导的原生家庭体系中建立的第一认知系统而言的，是在孩子成年之后，尤其是脱离了原生家庭体系，来到新环境下，接触新文化，接受新信息，逐渐建立起来的认知系统。在这个认知系统中，已经成年的孩子有机会重新选择自己想要的生活方式，有机会重塑自己之前尚未建立好的能力和品质。

关键点6：重塑能力　重塑能力是针对大脑神经可塑性原理而言的。神经可塑性理论认为，人的大脑在一生之中都可以实现重塑。这种大脑神经的重塑能力可以适用于几乎所有的能力领域和品质领域，当然也包括“承受力”和“耐受度”的训练。

关键点7：敏感期训练　敏感期是指大脑发育理论认为，人的某种能力或心理特质在大脑发育的敏感阶段去训练可以达到最好的效果。“承受力”和“耐受度”的具体敏感期不确定，但总体来说，从3岁之后，越早训练，就越有先入为主的主导优势。当然，这种训练需要以爱与安全感为根基，否则可能会将孩子暴露在过大的压力和痛苦中。

基于以上逻辑描述和关键点解释，你是否可以清楚看到，"承受力"和"耐受度"这件事不是家长或孩子任何一方可以完全负责的，双方都有责任。谁的责任更多更大也不好说，因为彼此的责任是相互影响和制约的。

以上是对抑郁者的内在因素描述，这些因素决定了个体受到外界刺激和影响时，会以什么样的反应模式做出回应。

二、抑郁症发病的外在因素

外在因素1　胚胎期的外在环境

在人没出生以前，还在母腹里时，就开始受到外界环境因素的影响，包括物理环境和化学环境等。孕妇在怀孕期间受到放射性的物理因素影响，或服用一些药物带来的化学因素影响，对胎儿的毒副作用有可能会成为胎儿出生后发展成为抑郁症的不可预测因素。

外在因素2　家庭环境中的人员结构

人出生之后，所在的家庭环境就成了最重要的外在环境。

首先说三代同堂。

目前，在中国很多家庭是三代同堂的状况，即孩子和父母以及(外)祖父母一起生活。有时候，(外)祖父母中有一人先去世，剩下另外一人没办法自己生活，就和儿孙住在一起；或者因为经济条件有限，没有其他地方可以住，只能住在一起；又或者因为父母工作忙，需要老人帮忙带孩子，就住在一起；有些孩子甚至是直接被寄养在(外)祖父母家里,父母几个月看望一次,这样的情况就更加无法建立积极健康的亲子关系。

一般来说,老人会比较宠溺孩子,孩子会在很大程度上根据带他的人的态度来调适自己的行为。老人纵容,自己就任性、叛逆、霸道,会养成一些不好的生活习惯和不能独立的个性。

更糟糕的是,孩子在小时候和老人建立起了紧密的依恋关系,当孩子长大到青春期或者成年早期的时候,老人可能会生病离世,这对孩子的影响是超出想象的,这种打击会像釜底抽薪一样使人无所适从,整个人就会内心崩溃坍塌,各种各样的精神心理问题包括抑郁症,就会接踵而来,有的甚至会出现酗酒、赌博等各种行为问题。

如果老人对孩子不好,那孩子就更无法建立安全感,问题会更早出现。

这样三代同堂的人员结构看似可以相互协助,协同生活,有诸多便利之处,但如果相处不好,把握不好关系边界,很有可能在很大程度上破坏了父母和孩子建立合适的、不受干扰的同时具有爱和权威感的亲子关系。

再说单亲家庭。

单亲家庭就是父母离婚、分居,常年陪伴孩子的只有父亲或母亲。也有一些情况是,父母并没有离婚,但其中父母一方常年不在家,比如父亲在外地或国外工作等,可能一年或几年见不上一次面。

单亲家庭对孩子的成长也非常不利。不管是缺少父亲的陪伴,少了父亲角色中的力量、阳刚、果断、勇气和勇敢,还是缺少母亲的陪伴,少了女性角色中的细腻、敏锐、丰富的情感反应、流畅的语言表达、对他人的共情特质,孩子的成长都会有失衡的可能。

研究认为,孩子在 3 岁以前是和妈妈建立依恋关系的关键时期。如果这个阶段能够建立比较好的安全感，之后去幼儿园的分离焦虑、青春期的自我意识形成都会相对顺利些。反之，如果安全感没有建立好，可能在每个成长关键期，甚至在一生的岁月里都需要补充建立这种安全感，需要花费成倍的心血和力气。

有些女性朋友在生完孩子、休完产假后，就急着回到工作岗位，甚至很忙碌，顾不上孩子的需求。这件事站在妈妈的角度是可以理解的，但从孩子的需求角度看却是不利的。但如果全职在家的妈妈自己管理不好情绪，即便是人在陪伴孩子，恐怕也是弊大于利，所以需要权衡利弊。

父性角色的存在、陪伴、引导不管对男生还是女生的内心成长都至关重要。男性理性的思维方式、果断的做事风格、充满力量感的身体动作、遇事乐观的心态在孩子3—6岁的成长期可以帮助孩子建立稳定的情绪、积极的认知、强健的体魄和探索的精神，在12—18岁的青春期帮助孩子发展人际关系的男性视角、发展多维的自我认知、进一步发展情绪的稳定性以及对社会层面的政治认知、经济认知和文化认知。

如果缺少了父亲的存在，以上各方面的能力训练都可能会欠缺。

外在因素3 家庭环境中的父母关系

有句话说，“爱孩子最好的方式就是爸爸爱妈妈，妈妈爱爸爸”。这句话听上去很悖论，难道爱孩子最好的方式不是父母都爱孩子吗？怎么会是父母彼此之间的爱呢？

当父母彼此之间有爱的关系，就可以在家庭中建立稳定的家庭关系氛围，这种稳定的家庭关系有利于建立孩子成长过程中的安全感，同时学会爱人和被爱的方式，借着爱的关系建立孩子健康的内心。反之，当父母之间出现隔阂、矛盾、争吵，甚至打架、暴力、分居和离婚时，对孩子会造成撕裂般的伤害。

外在因素 4 家庭环境中父母对孩子的教养方式

父母用怎样的方式教养孩子，会在很大程度上影响孩子的心理发展过程。

以下描述了几种父母的教养方式带出的孩子所具有的不同特点，这些特点是通过多年的心理学研究观察和分析得出的，具有相当共识的结论，供大家参考。

- 管控过严的父母容易让孩子形成压抑的情绪模式，进而容易抑郁或情绪暴躁。
- 溺爱孩子的父母容易让孩子情绪不稳定，心理承受力和耐受度都很低，责任感也会低。
- 忽视孩子的父母容易让孩子变得麻木、冷酷。
- 拒绝孩子的父母容易让孩子粗暴、无情。
- 过度保护的父母容易让孩子过度渴望甚至讨好他人，或者孤僻离群。
- 简单粗暴的父母容易让孩子冷酷、自卑、退缩和盲从。
- 虐待孩子的父母会让孩子形成神经质、孤僻或反社会倾向。

在这里特别澄清一点，就是教养孩子真的是一个非常大的学问，无法明确说哪一种方法就是最正确的、最完美的，因为没有完美的教养方式，只有在当前阶段最合适自己孩子的方式，那就是要按照孩子不同年龄段、不同心理发展阶段的特点进行教育。

很多教育理论严重忽视了孩子在不同的心理发展阶段有不同的主要矛盾这一特点，一概而论地认为这样对、那样不对，或这样做好、那样做就不好。这种一概而论的观点都有偏颇，因为没有什么道理和理论是对所有孩子的所有阶段都适用的。

基于以上前提，我们来具体阐述前面说到的几种教养方式带来影响的逻辑。

管控过严其实是剥夺了孩子的自主权和掌控权，什么事情都由父母做主，孩子只要有一点不符合父母要求的地方，就要厉令马上更正。这种做法破坏了孩子的自主性和自主权，无法建立掌控感进而激发内驱力，也会形成孩子压抑的性格，造成抑郁，如果压抑太久，还会有时不时爆发的可能，变得情绪暴躁。

溺爱孩子包括两方面表现，一方面父母会尽全力满足孩子的所有要求，这就造成孩子在延迟满足上无法耐受，只要有一点不满意的地方，就容易情绪失控崩溃；另一方面，过分容忍孩子的过界行为，他就会觉得怎么耍赖都行，不需要承担后果，所有后果都由父母来代替承担，这样就无法养成孩子的责任感，觉得“都不是我的责任”，“我父母会搞定的”。

忽视孩子是指在孩子有需要的时候无法或不能提供满足需求的回应，致使孩子通过自我保护功能的开启逐渐关闭需求、关闭感受，也关闭了同理心，就会变得麻木而冷酷。

拒绝孩子的父母容易让孩子接收到“自己被否定”或认为“自己不值得”的信息。请注意，我们这里说的拒绝不是一次两次的拒绝，而是长期的、反复的、持续的拒绝。这种拒绝会让孩子产生自我厌恶的感觉，而这种自我厌恶会带来反弹性反应，向外对这个社会进行攻击，变得粗暴、无情。

过度保护的父母会禁止孩子做很多事情，担心害怕各种各样的风险和危险，造成孩子对被禁止的事物更加渴望，甚至不惜讨好他人以得到与人互动的机会、得到他人的关注和友谊。但因为这种讨好的方式会让他人感到反感，人际关系容易出现困难，有些人就会因此而退缩，变得孤僻离群。

简单粗暴的父母并未关注到孩子情绪感受的部分，孩子在这方面没有得到满足，就倾向于关闭感受，显得冷酷。又因为简单粗暴会让孩子接收到这样的信息，就是“我不值得”“我不重要”“我不好”等，因此而变得自卑和退缩，也会在与人相处时讨好和盲从他人。

虐待这件事有些人认为在中国发生的不多。有这样的想法可能是因为很多人认为虐待就仅仅是身体虐待，如暴打孩子，但其实虐待不仅包括身体虐待，还包括语言虐待、情感虐待和性虐待等。虐待是严重的创伤冲击，对孩子的身心健康会造成极大的伤害，甚至形成反社会倾向，报复社会，或者朝另外一个方向发展，就是孤僻离群。

以上各种教养方式及其后果的逻辑关系让我们思考，到底如何才是好的教养方式，才能不让孩子走向抑郁的道路。

外在因素 5　生活环境中的人际影响

孩子随着年龄渐长，可以走路，可以奔跑，会走出家门，到小区活动，就开始在生活空间中活动，这时候就有了和邻居、小区伙伴互动的机会。在互动过程中，难免会遇到各种各样的事件，这些事件都会对孩子造成或积极或消极的影响。

举例来说，3 岁的孩子在小区里和其他孩子玩耍时被推了一下，大哭不止，那么孩子下次还会不会愿意出去玩呢？在此过程中，父母如何反应、如何应对、如何处理，是跟对方家长理论甚至大打出手，还是鼓励孩子和对方孩子沟通交流，设立边界，如果无法沟通，再在家长层面沟通。这样的事件看似是小事，但实际上都在潜移默化影响孩子的性格、人际模式和情绪模式的形成。

外在因素6 学校环境中的学习压力

孩子到了上学年龄，就开始进入新环境，即学校环境，幼儿园、小学和中学都属于校园环境。在这个环境中首当其冲的就是学习压力，这是孩子人生中需要面对的第一件有压力的事情，而且是持续的压力，躲也躲不过的压力。孩子如何应对这个学习压力，家长如何帮助孩子应对这个压力，在最开始形成的对学习压力的应对模式会一直影响后续很多年甚至一生；孩子对学习持积极还是消极的态度，也是在最开始对学校、学习的印象尤为关键。

外在因素7 学校环境中的人际影响

在学校除了学习压力以外，还有人际关系的影响。在任何学校，不管是公立学校，还是私立学校或国际学校，都存在着朋辈竞争、物质方面的攀比、老师教育方式的得当与否、教学体制的适应与否等因素的影响。除此之外，各种形式的校园欺凌更会影响到孩子的心灵健康，有多少孩子因为校园欺凌造成抑郁甚至跳楼等悲剧。

外在因素8 社会环境中的所有事务

孩子终于度过了中学，考上了大学，不管是在国内上大学，还是去国外，都开始了新的人生阶段，作为成年人面对社会环境。等到临近大学毕业，就有更多的人生重大选择或事件压力等着他们。社会竞争压力，失去伴侣，失去职位、金钱或某种关系，这些都可能成为抑郁症的导火索，也是常见的社会因素。

每个人的成长都会经历不同的阶段，伴随着身体的发育成长，也有心理的发展成长。每个阶段都很不同，甚至每一年都不同。我们会发现，从1岁到2岁，2岁到3岁，3岁到4岁……一直到青春期，每一年都有很大变化，我们每个人也都处于不停成长的过程。

在这个发展成长的过程里，内心在经历怎样的心路历程，有怎样的心理需求，这些需求是被满足了，还是没有被满足，被满足和没有被满足带来怎样的后果和影响，这就是发展心理学的重要内容。

所有环境中的经历和经验都在潜移默化影响着内心特质的形成和重塑。我们无法针对所有人进行统一判定说“这件事就一定会造成什么影响”“那件事就一定不会造成什么影响”，但经过几十年的心理学研究，可以看到一些发展规律，就是“哪些事尤其会对哪些方面造成影响”“在特定阶段，哪些心理特质的发展显得尤为活跃突出”“哪些外在表现在反映内在发生了什么”“怎样的干预方式可以解决这个问题、改善这个特质”。

以上分别阐述了八种内在因素和八种外在因素，那到底哪种因素在抑郁症的发病中起主要作用？很难一概而论。

就算是之前提到的内源性抑郁症和反应性抑郁症，看似好像已经有了明确的划分，内源性抑郁症就是内在因素多一点，反应性抑郁症就是外在因素多一点。但实际上，我们仍然不确定，所谓的内在因素在之前是否也是受到了足够多的外在因素刺激才形成的，也不知道所谓的外在因素在多大程度上激发了某种内在的潜在特质，才造成抑郁。

总之，这些外在因素和内在因素相互作用，相互影响，也相互制约，最终促成抑郁症的发病。

本章闪问闪答

1. 问：如果父亲或母亲有抑郁症，那么孩子得抑郁症的概率是多少？

答：目前研究数据表明，抑郁症的发病率在7%左右。如果父母一方有抑郁症，受基因和环境影响，孩子得抑郁症的概率会达到14%—28%。

2. 问：工作压力、学习压力或人际关系压力和抑郁症有多大关系？

答：环境因素主要是指压力因素，不管是工作压力、学习压力，还是人际关系压力，都会造成人的大脑处在持续紧张状态。持续紧张状态缺乏松弛带来的疏解，时间久了，情绪机能就会出现问题。因此，环境因素中的压力是造成抑郁症的重要因素，但并非有压力就一定会抑郁，还要看人内在主观层面如何解读压力。解读得积极，那就不一定会抑郁。

3. 问：一次性重大事件的刺激就可以造成抑郁症吗？

答：一次性重大事件的刺激会不会造成抑郁症不仅取决于事件本身，还取决于当事人的承受能力以及其他因素。如果当事人承受能力好，或及时寻求帮助，得到支持，那就不一定会造成抑郁。

4. 问：得了抑郁症还能工作吗？

答：抑郁症在急性期可能会有注意力不集中、记忆力减退和反应变慢等脑功能减弱的情况，同时还可能有兴趣减退、情绪低落、体力和动力减退、睡眠障碍和食欲下降等问题。这些问题都可能造成无法保持之前的工作强度和工作量，造成暂时无法继续工作的现状。

但抑郁者在服用有效的药物之后，在开始的1—2周时间里，可能也会有一些药物副作用，比如胃肠道不适感、嗜睡、注意力不集中等问题，但在2周以后基本都会逐渐减轻或消失，并且开始稳定发挥药效，直到之前所说的急性期症状明显缓解。

等到急性期症状缓解后，抑郁者是可以考虑做一些力所能及的工作的，主要是在恢复期间，不要让工作成为持续的压力，但可以让工作成为转移注意力、增加掌控感和成就感的事情。所以可以力所能及地做事情，但不要过量或过度。

在药物治疗和心理治疗达到很好的效果，大部分抑郁症症状消失后，抑郁者可以再考虑回到原来的工作岗位，或另谋新工作。

5.问：环境压抑造成的抑郁症，是不是换了环境就会好？

答：环境压抑可以造成压力，但需要同时具备内在特质因素条件，才能促成抑郁症发病。同理，如果得了抑郁症之后，只是换环境，内在机制并没有改变，就算换了环境暂时好起来，也不代表以后不会再得抑郁症。

6.问：季节性因素对抑郁症的发病有没有影响？

答：季节性因素包括气候温度、日照时间等，这些因素对人的情绪都有影响，但也是因人而异。有些北欧国家在季节性因素中都不显优，抑郁症发病率的确会高些，但也不是所有人都会抑郁。

7. 问：抑郁症三大相关因素中哪个占比较大？

答：哪个因素占比大这个问题背后有个默认的前提逻辑，就是这三个因素，即遗传因素、环境因素和人格特质因素是相互独立的。但事实上，它们并非相互独立，而是相互影响和制约的。遗传塑造环境，环境反馈性影响遗传；人格特质既受遗传因素的影响，又受后天环境的影响，或者说自身成长经历的影响，它是在先天遗传和后天环境相互作用下的综合产物，甚至可以说，人格特质的综合产物又反馈作用于遗传因素层面，影响着下一代。

8. 问：遗传因素、环境因素和人格特质因素都不利，是不是一定会得抑郁症？

答：三种因素都不利，也不一定会得抑郁症，因为这三种因素都是在静态下的评估。抑郁症是否发病还要看在受到刺激之后的动态过程中，当事人如何应对。比如，受到刺激后及时寻求帮助，得到专业指导和干预，也可以有效防范抑郁症。

9. 问：遗传因素、环境因素和人格特质因素都有利，是不是一定不会得抑郁症？

答：三种因素都有利，也不见得一定不会得抑郁症，因为对抑郁症的认知不够，固化地认为一些刺激事件的发生是命中注定，得抑郁症也是命中注定，因此放弃应对抑郁症，任凭刺激因素泛滥，那恐怕也会无法规避抑郁症。

第四章

抑郁者的心里是怎么想的

抑郁者的心里是怎么想的

前面章节阐述了抑郁症是什么病，有哪些症状表现以及有哪些影响因素，本章将阐释外在因素和内在因素里应外合的心理机制。

抑郁者的心理机制或逻辑可以从很多方面去理解、体会和感受。只有懂得了这些心理逻辑，我们不管作为陪伴者、帮助者，还是医治者，才可以更有针对性地着手，更有效地介入，更专业地帮助和医治。

在描述这些心理逻辑之前，笔者需要声明如下：

声明 1　以下描述的抑郁者心理逻辑是笔者基于大量的理论知识学习及多年的临床经验汇总而成，是一种综合性描述，并不针对任何个人或个案。如果在阅读以下心理逻辑时，觉得跟自己十分相符，请相信那也不是基于某个个体的针对性描述，而是针对有相似心理逻辑的共同人群。

声明 2　笔者在以下描述中会竭尽全力不带有任何情感色彩，如果在阅读时仍会感受到“被贴标签”“被针对”“被冒犯”，甚至“被攻击”“被羞辱”，那么请原谅笔者的无知与钝感，因这绝非本意。

声明 3　以下描述只是笔者个人所知、所见、所感，也许并不准确，也不完全。但如果可以对大家了解抑郁者起到一点点参考作用，即感欣慰。

基于以上三点声明，分享以下几种心理逻辑，这些逻辑是在外界因素刺激下与内在特质相互作用过程中体现出来的心路历程。

心理逻辑 1　爱的超价观念思维

“爱”这件事几乎是每个人活在世上都会追求和看重的。这是很自然的，对爱的追求和看重好像是人与生俱来的需要和渴望。

通常来说，人如果得不到爱，心理对爱的渴求不能被满足，就会感觉到一种缺憾。这种缺憾会驱动人去追求不同形式的爱和不同关系中的爱。但只要没有达到主观感受上的极度缺乏，遂产生心理上的极度渴望和行动上的极度追求的程度，一般也不会造成失能或病症问题。

但对抑郁者来说，有可能会在人际关系当中看重爱、寻求爱，甚至把爱看成人生的唯一意义。如果没有爱，就没有盼望，就觉得活着没意思。到了这种程度，恐怕很难不会造成困扰，甚至会造成社会功能受损。

这里就需要借用一个专业术语，叫做“优势观念”或“超价观念”。

“优势观念”是指在认知思维中占优势的主观体验，不容撼动。但笔者觉得“优势观念”不如“超价观念”更能体现有些人对爱这个观念的主导地位。“超价观念”是一个心理学名词，是指在认知意识中占主导地位且被强烈情绪所加持的观念。在这种超价观念的影响下，人就会把它作为神经焦点来看待，以至于整个生活和活着的状态都围绕着这个神经焦点来驱动，几乎所有的认知、情绪和情感以及行为都以此为框架前提，以至于如果在这件事上没有达到想要的期待水平，人就会觉得提不起劲，甚至觉得活着没意思。

超价观念可在人的通常思维中出现，并不明显影响生活的各种功能状态，但亦可达到病态程度，以至于无法正常生活。这里使用的超价观念不考虑其精神病理成分，只是借用这个概念来解释一种心理现象。

如果用对爱的超价观念来看待关系，不管是一般的人际关系，还是亲密关系，可想而知，就会常常感到失望。因为在超价观念的影响下，几乎很难找到符合期待的爱的兑现，因此会常常陷入失望和无意义感里，觉得没有盼望，进而表现出抑郁状态。

举例来讲，对于成年人来说，如果一个人在亲密关系上一直期待完美的对象，觉得"恋爱、婚姻就应该是完美的""对方可以无条件爱我，且有足够的理解力懂得我所经历的一切""也有足够的爱心和耐心接住我所有的情绪""更有足够的爱的力量带领我走出抑郁困境"，那么这种期待恐怕几乎一定会落空，因为这种完美的关系在世界上实属罕见。

更何况，亲密关系通常是具有相互性的，即如果期待对方如此这般对待自己，那么自己也要如此这般对待对方。但事实上，我们不一定具备这样的能力，却在期待一个具备这样能力的人可以持续这样对待自己。

又或许，期待先被这样对待，等自己走出困境，再以同样的方式甚至加倍的方式对待对方，以报答对方。这种逻辑听上去很合理，却不知已陷入"先有鸡，还是先有蛋"的逻辑悖论里，陷入死循环里走不出来。

再举例来说，青少年期待父母对他的爱是完全的。

首先说父母爱孩子，好像是天经地义，父母也有责任去爱孩子，但如何爱、怎么爱才算是达到了标准，这个爱的标准在哪里，恐怕谁也无法界定清楚，因为没有统一标准。

常见的情况是父母觉得自己已经很爱孩子了，孩子却觉得父母爱得不够，这种亲子之间的误解可以大到反目成仇的地步，就是孩子觉得父母在以所谓爱的名义操控他，造成他被束缚、被捆绑，以致失去自由，因此怀恨父母。另一方面，父母却是万般委屈，觉得自己已经把身家性命都投注进去来爱孩子了，孩子却是这样回报我们，简直让人心寒。

这种天下最大的误解恐怕不是我们三言两语可以说清楚的。事实上，只要父母还在位，还在陪伴孩子，还在对孩子付出爱，不管以什么样的形式，孩子多少都可以感受到一些被爱的存在，一般不至于造成如前例所说的极端情况，就是对爱的极度渴望和超价观念，而不过是一些爱的误解。

如果青少年期待父母可以以“近乎完美的爱”来爱自己，那么大致有两种情况。

一种情况是孩子要求不高，只是他的家长做不到。这时，这里所说的“近乎完美的爱”就是家长对孩子期待的过度解读和对自己作为家长如何爱孩子缺乏基本的理解，因为家长可能连最基本的陪伴都没有做到，就更别说满足孩子的心理需求了。

另一种情况是孩子的要求真的很高，任何家长都做不到。这时，这里所说的“近乎完美的爱”就是前例所说的对爱的超价观念，而这种超价观念有可能是之前对孩子有相当程度的爱的缺乏导致的，比如从出生开始就把孩子放在老人身边养育，父母出去工作或去外地工作，基本没有陪伴过孩子。或者即便在孩子身边，也形同虚设，整天忙于工作，完全不管不顾孩子的生活需要，更别说是心理需要。

如果是后者，那么这种爱不被满足的心理可能会迁延到成年，继续在成年男女的亲密关系中寻找期待的爱的模式。这种寻找可能就会回到前例中所提到的“鸡生蛋，蛋生鸡”的无限循环里。

心理逻辑 2　空乏的意义感思维

有些抑郁者对“意义感”这件事有强烈的期待和追求，而且这种意义感的界定是他独有的界定，是一般旁人认为的意义感所达不到的标准。如果找不到他所界定的“意义感”，好像不管做什么，都失去了味道。

这种对意义感的期待可以说有超价观念的嫌疑，但不能说是“执念”，因为“执念”这个词的内涵中暗含着负面、否定和不值得的意思。对抑郁者来说，这种对意义感的期待显然是积极正面的，是值得的，甚至是成就了全部生命内涵的存在和生命支柱。没有意义感就没有做任何事的驱动力。

当外人轻易用“执念”来形容抑郁者的这种期待，会被抑郁者认为是没有理解抑郁者，没有倾听抑郁者的心声，没有体会抑郁者的生命逻辑。

但意义感这件事本身的悖论在于，它或许可以在头脑中构想出一部分，但还有一部分是需要在生活实践中去体验和体会，才能完善对意义感的成全。否则，只有头脑的一部分概念，缺乏生活实践和体验，这个意义感就很难扎根在生命里，也会很快被抑郁者自己推翻。这样就会造成不断在头脑中追求意义感，又不断在头脑中推翻的反复循环。

即便在头脑中形成的初步意义感可以带来初始动力，促使人开始做事情，当无法从生活实践中承兑这种超乎寻常的意义感，人就会瞬间丧失行动力，不再追求，而是再回到头脑中去找寻、探索，造成失能的外在体现，进而体现出抑郁状态。

举例来说，做心理医生这件事对有些人来说可能是非常有意义感的一件事，觉得自己终于找到了意义感，觉得这就是余生想要做的事。想象中，做心理医生可以帮助他人解决心理问题，走出抑郁困境，听上去是件很伟大的事情。没错，的确是这样。不过，要练就心理医生的专业技能和训练每天面对负面心理能量的承受力已经实属不易，再加上既要体会抑郁者内心深处的绝望和荒凉，又要能够不让这些绝望和荒凉过度进入内心造成侵染，就更非易事。

在实践和体验过程中才知做心理医生这种代价的分量，觉得自己无法承受，只能作罢，然后再去寻找另外一件有意义感的事。可是，就算能找到另外一件事，也会发现每件事都有它的代价，而这种代价在身体力行过程中体现出来的分量是非同寻常的，因为非同寻常的意义感常常需要付出非同寻常的代价。在承受这个代价的过程中，如果没有重要他人的理解的加持，恐怕也是难以为继。

如此说来，与其说"遍寻不到意义感"，不如说是"遍寻不到既有意义感又有可行性的事情，让我可以持续做这件事，并体会其中的意义感"。

如果真的可以身体力行做一些有意义感的事，在此过程中不断克难制胜，让意义感在体验的过程中和达成的结果上都被充分体会，也许也就不会抑郁了。

再举例来说，大众常说常讨论的"学习"这件事到底有没有意义。

众所周知，"学习"当然有意义，但学习的意义如果仅仅是为了拿到好成绩，有了好成绩再考上好大学，有了好大学就可以拿到好工作，有了好工作就可以争取到高职位和高薪水，有了高职位和高薪水就可以有好生活这一条单一甚至唯一的意义路线，那么也难怪很多孩子对这件事没那么大兴趣。

学习的意义十分广阔。学习可以获得知识，拓宽视野；学习可以训练学习方法，训练思维方式；学习可以建立好的学习习惯，训练自律的生活和调动动力达成目标的能力；学习还可以体验达成目标的成就感和满足感，在此过程中提高自信心和自我效能感，在此结果中提升自我价值感和意义感。与此同时，学习还涉及与他人的互动，如何看待朋辈竞争，如何体会优越感和耐受低劣感，在此过程中调适自己的心态。

由此看来，学习是一件很有意义感的事，同时也是非常需要付代价的事。那么，我们是否愿意为此付出代价，并体会其中的意义感呢？大多数人不会，因为大多数人既无法从认知上认识到学习的意义感，也很难在行动上坚持付上如此的代价。

因此，"意义感"这件事到底是看客观事实层面，还是看主观感受层面？笔者以为，要看我们自己所界定的意义感是否在事实层面说得通，即便在事实层面说得通，又是否能够在身体力行上做得到。

综上所述，意义感的重要性不言而喻，意义感的独特性也可以理解，但问题是意义感需要付出代价，我们是否愿意付出代价。

心理逻辑 3　低自我价值感思维

自我价值感是一个人安身立命的根基。

笔者相信人生来就有内在价值，是不会随着出身不同、身份不同或外在成就不同而有任何差别的。但对很多人来说，这种内在价值常常需要通过外在的人际关系、所取得的成就或自我的所持及所是来体会，这就是"价值感"。

有些人一辈子都在追求自我价值感，却一直找不到。尽管外在看来已经很有价值兑现了，但内在总是觉得不够，需要不断追求外在的价值认可，去满足内在的缺乏感。

在追求外在价值来满足内在需要的过程中，也会不停怀疑自己，问自己："我值得被爱吗？""我值得他（她）对我这么好吗？""会不会有一天他（她）发现我的真面目，就会马上离开我呢？""我配得这样的成绩吗？""我会不会只是个假冒的骗子？"

其实，这些追问的言外之意是"我不值得被爱""即便有人爱我，我都不相信""他们看清我的本性之后，一定会离开我的""我只是个假冒的骗子"。当一个人内在根深蒂固地认为自己没有价值的时候，就算外在得到了常人看来极高的成就和荣耀，恐怕也无法填满内心的缺乏感。

自我价值感低的感受否定了努力，否定了热情，否定了盼望，否定了梦想，否定了意义。这些根基性的要素全被否定时，几乎一定会抑郁，甚至不只是抑郁，还会有人格障碍的风险。

有些人会认为，即便不把价值放在外在体现上，放在自己身上也是不靠谱的，而是要放在具有超越属性的信仰层面上才靠谱，也才正确，甚至需要在超越层面交托之后，否定自己的所是，即“舍己”。他们倾向于认为所有看重自己的部分，即所谓的“自我价值”都高估了人的部分，觉得人不应该把自我的部分看得那么重，甚至觉得人根本没有什么自我价值可言。强调人的自我价值是人本主义的体现，是违背某些考量的。由此就涉及从什么层面来看待“自我价值”的问题。

根据笔者粗浅的理解，自我价值可能在不同功能状态下属于不同层面的问题，且没有明确分界点，但大概可以说，在基本功能基线以下时，自我价值更多属于心理层面的问题，在基本功能基线以上时，可能涉及信仰层面的问题。

这里说的基本功能包括但不限于认知功能、情绪功能和行为动能等。如果这些基本功能都受损或丧失了，就已经陷入病态了，也无法谈论任何其他概念，而是需要先治病。

在笔者过往的临床经验中来看，人在抑郁状态下的核心表现之一就是自我价值感低，而提升自我价值感就可以在相当程度上疗愈抑郁。从这个逻辑维度来看，在基本功能基线以下的病态水平时，提升自我价值感具有重要的疗愈作用。它的功用就像一剂良药，可以治病。至于生病时该不该吃药以及不同的药有怎样的副作用，那就仁者见仁、智者见智，无法一概而论。至少笔者认为治病和信仰不是一个层面的问题。

还有些人认为，抑郁这种病就是因为生命次序出了问题，所以才需要信仰来摆正生命次序。笔者绝不否认信仰的超越性，但问题是，如果我们没有首先认识自己，了解自己的价值所在，就很难否定自己，不知道自己"舍"的是什么，也就几乎无法做到按照正确的位次摆正生命的位置。

其实，我们活着的每一天，过去、现在以及将来发生的每件事，都在一定程度上反映出我们的认知、情绪和行为等模式，我们倾向的应对方式，我们的能力和潜力，我们的动机和目标，我们的情感和意志，以及这一切加起来所反映出的综合概念"我们是谁"。

因此，我们可以通过活着的每一天来认识自己，认知自己，不断觉察和发现自己，通过不断努力更新主观认知，来重新界定自己，也通过各种治疗方法重建自我价值感，进而让人从以低自我价值感为主要特征的抑郁深渊中走出来。经过死荫幽谷般的涅槃之后，我们对自己有了更进一步的体认，就有机会从更深层次放下自己的所执和所是，即"舍己"，来建立一种更高层次的自我价值观。

综上所述，自我价值感在自我功能基线以下的抑郁层面来说具有重要的调节和疗愈功用，但在自我功能基线以上的非病症层面来说有矫枉过正的风险。

心理逻辑 4　完美主义思维

大家是否发现，很多抑郁者其实很优秀。他们有很高的标准和要求，有很强的上进心，在各自的领域里成绩斐然。可不管做得再好，他们都觉得不够好，总觉得自己某些方面不够优秀，事情不如想象中满意。

抑郁者可以对事情、对人际关系和对自己有近乎完美的追求。

完美主义和前面阐述的超价观念的区别在于，超价观念是对特定的某一个方面有过度看重的价值，但完美主义是对几乎所有重要的方面和事情都有近乎完美的追求，已经形成一种泛化的认知模式和行为模式。

完美主义倾向和强迫倾向的区别在于，完美主义是针对重要的事情有建设性的追求，这种追求自我感觉是必要的、重要的，且因此而充满动力、热情和期待。强迫倾向是指对不太重要或根本不重要的事情有不具建设性的追求甚至是无意义的追求，这种无意义的追求自己也知道，但无法控制，十分痛苦。

抑郁者的完美主义倾向如果体现在做事情上，就会期待事情不管是过程还是结果都无限完美，哪怕有一点瑕疵，都会甚觉遗憾，就想要通过不断努力来弥补缺憾。如果已经时过境迁，无法再努力弥补，就会觉得心里过不去，有种被卡住的感觉。

抑郁者的完美主义倾向如果体现在与他人的关系上，就会期待这个关系是沟通顺畅的，是可以有深度的，是不觉亏负的，是没有负担感的，是无需纠结的，甚至希望每个关系都是如此。但事实通常不是这样，就会觉得这种不完美的人际关系是一种痛苦，且遍寻不到完美的人际关系。

抑郁者的完美主义倾向如果体现在自我要求或道德标准上，就会在事情上着意体会自我道德标准是否达到，如果没有达到自我标准，就会觉得心里过不去，甚至久久地耿耿于怀。

无奈又残酷的事实是，我们就是生活在一个不完美的世界。在这个不完美的世界里，不管是事情还是关系，都是不完美的，不管我们怎么努力，都无法达到完美的地步。

完美主义的悖论在于永不满意，永不满足，永远觉得不够好。如果不够好，心里就过不去，好像就卡在了这个点上。如果生活中很多事情都成为卡点，久而久之，心里就会觉得负担沉重，进而生发抑郁之感。

如果是这样，那么说明“完美主义”其实是大脑认知在和我们开的一个玩笑。说“玩笑”是因为大脑明明知道这世界不完美，却还要求我们追求完美，且说再怎么美都不够美，那不是在逼我们追求一个不存在的东西吗？

如果有些人因为做艺术的缘故，说“艺术就是要追求极致，虽不能至，心向往之”，那么在追求的过程中，你是享受的，感觉是美好的，只是在不满足中不断进取，那是积极的，是具有适应性的，是没问题的，是好的。但如果在追求的过程中，你是痛苦的，你是因为不完美而出现抑郁病态的，那么这恐怕很难说是好的。

又会有人说“我就是需要这种病态来体会一些常人无法体会的深刻”，那么别忘了，当一个人陷入病态时，就算他在所从事的领域有极大的造诣，但在生活中可能是功能受损的，是无法适应环境和人群的，是丧失人际社会功能的。

如果当事人觉得“即便这样也值得，我就是要沉溺在这种病态中”，那就不是我们讨论的范围了，因为我们讨论的范围是如何疗愈。

心理逻辑 5　条条框框思维

有一种思维模式叫做条条框框的思维，这种思维模式的特点是对事情有自己独特的框架模式，期待事情按照这个框架模式发生、发展和结局。如果事情没有按照这个框架运行，出现一些框架之外的情况，就会觉得无法接受，我们对此称之为“容错性低”。

这种思维模式从大脑神经系统角度而言，很可能具有神经通路稀疏且深邃的特点。

神经通路稀疏是指在生活场景中只对有限的部分具备经验和阅历，而对其他场景不熟悉，缺乏经验，不知道如何应对和处理，没有思路，也没有把握，或者说也不感兴趣。神经通路深邃是指在熟悉的生活场景下有深刻的自我体验，且深以自我体验为准、为正、为善，甚至觉得其他体验是不对的、不好的、不善的。

基于这样一种神经通路特点，当事情没有按照自己的预期发生、发展和结局时，就会陷入不熟悉的场景中，这种状态会给抑郁者带来极大的不适感。这种不适感要么会带来想要修正结果的驱动力，不甘心接受事情是这样的，要么会带来无力感，就像机械发条断掉了，或像是齿轮错位没有咬合住。

从抑郁者的角度说，可能会觉得“我生活在一个多么不容易的世界啊”“好像我再怎么努力，也无法看到想要的结果”“活着太累了”“我什么时候可以不那么看重这些呢”“我怎么才能活得轻松些呢”“我很想活得轻松些，但我做不到，也不知道怎么做到”……

面对抑郁者这样的思维模式，我们与其是轻蔑地说“这有什么大不了的呢”“是你自己把自己困住了”“你就不要那么倔嘛”“世界又不是围着你转”“你怎么就转不过这个弯儿呢”“你就是太缺乏变通能力了”，还是富有同理心地说“你真是太不容易了”“如果我也陷入这种思维模式中，我也会很痛苦”“我看到你的努力，想走出来，但好像效果不太好，这会让你更有挫败感吧”“我可能真的无法理解和体会你的痛苦，但我看到了你的痛苦”“我真希望可以帮到你”。

不同的认知方式和表达方式直接影响我们与抑郁者交流的效果和深度。显然富有同理心的认知和表达更能走进抑郁者的内心，更能够让他们感受到被理解和接纳。

这种条条框框的思维模式也不是不可以改变。改变的方式主要有两种，一种是在不熟悉的生活场景中训练耐受度，就是在不舒服的感受中多待一会，另一种是学习在不同场景下的应对方式和处理问题的能力。

前文提到的“容错性”就是指在事情出现意外的轨迹时可以承

受和应对。承受就是指耐受，应对就是灵活变通地处理问题。这种条条框框的思维方式特别适合团体治疗，在相同或相似的视角中感受自己不是孤立的存在。同时，也在不同视角中看到事物的多样性，在多样性中体会灵活性和变通性。

心理逻辑 6 由事及人思维

生活中有时会遇到重大生活事件的打击，比如地震灾害、交通意外、重大疾病、丧失配偶或亲友、辍学或休学、校园欺凌等。这些重大生活事件具有摧毁性，可以把一个人的自尊、自信、安全感和自我价值感击碎，以至于无法继续安身立命，自然会陷入抑郁状态。

小事件上的持续“受挫”也是类似的逻辑。“受挫”是指内心期待驱动下的努力在过程中或在结果上没有得到或达成与期待所匹配的效果。不管是在关系上受挫，还是在事情上受挫，都会带来挫败感。

一次的挫败感可能会更多归因于客观因素，但多次的挫败就更可能归因于主观因素、归因于自己，这就是所谓的“由事及人”思维方式。

抑郁者可能会觉得，“这些事情连续发生，已经把我的自信心完全击碎”“这件事情我都搞不定，我真是一无是处”“我怎么这么倒霉，所有坏事都让我碰上了”“我这些年连续遭遇这些事，一定是我这个人有问题，才这么倒霉”“我这个人就是运气不好，谁和我在一起都会倒霉”“算了，我还是放弃努力吧，努力又有什么用呢”“我就是一个衰人”……

从这些心理独白可以看到，当一个人受到重大打击或连续受挫时，就失去了掌控感，失去了掌控感就失去了信心和动力，失去了信心和动力就把事件升级到了自己，认为自己是无能的、是倒霉的、是不幸的，进而造成无法做事情，体现为自我功能受损或抑郁状态。

从这个逻辑来看，打破这个逻辑的关键点就在于从认知上修正自己一无是处的错觉，从行动上找到自己可以做到的事情来重建掌控感，进而重建信心和动力，重建自我功能。

有人可能会对“重建掌控感”这个关键要素有异议，觉得训练掌控感是件危险的事，因为这个世界上就是会有很多事不在我们的掌控中，即便训练出来掌控感也可能被现实再次无情击碎。这种说法的正确点在于，事实层面的确是这样，我们无法真正掌控这个世界，也无法掌控发生的每件事。古人云，人生不如意十之八九。在成人的世界里，我们都知道或逐渐意识到，人生不如意十之九点九。但这种说法的谬误之处在于，忽略了人心理发展需要的阶段性。

人在抑郁状态下，自我功能受损到无法做事的程度，就是需要掌控感来重建信心和动力，恢复认知功能、情绪功能和行为功能，这时才可以借此面对或承受现实中的不可掌控感。先是重建掌控感恢复功能，再是训练对失控感的耐受，这是不同疗愈阶段的不同任务。

心理逻辑 7　自我挫败式思维

自我挫败式思维是指消极地否认自己，或否认做事成功的可能性。由此，要么干脆放弃，要么畏首畏尾，致使行动不尽如人意或彻底失败。这个结果反过来又强化了负面的自我假设。

自我挫败式思维的常见表达有：“我做不到，我跟你说了我做不到，我不够优秀，我没有信心，我会失败的，他肯定不会喜欢我的……”可能有意或无意地就会在做的时候打折扣，自己可能就会很难全力以赴，那效果往往也是不好的。当这个效果是失败的或者不好的，就会让你强化这种自我挫败的假设和预设。“你看，我说了吧，我根本就做不到。”这种强化会造成更加顽固的自我挫败式思维。所以，自我否定就会越来越泛化，越来越多的事情做不到，那整个人的状态就是一个消极的状态。

自我挫败式思维从哪里来？

自我挫败式思维和很多因素有关，包括成长环境中父母教养的风格是不是打压式的风格，孩子在原生家庭的成长过程中是否建立起自我效能感。如果父母经常对孩子说："一看你就是一副倒霉蛋的面相""就你这水平还想考大学""你就注定一事无成""就你这德性还想找到好对象"，这些话就会给孩子造成一种印象，就是"我什么都不行"，我"长相不行""能力不行""德性不行""运气不行"，总之什么都不行。

这样的自我印象就会造成非常低的自我效能感，进而造成自我挫败式思维。

自我效能感是指在做事情之前，评估自己是否能够做成这件事的可能性。如果认为自己能够完成，那么对这件事情的自我效能感就是高的。反之，你觉得做不成，自我效能感就是低的。自我挫败式思维就是认为自己什么都做不成。当觉得自己做不成的时候，往往表现就会不太好，要么倾向于知难而退，要么倾向于畏首畏尾，要么倾向于不全力以赴，致使效果不好。不好的效果反过来会强化自我假设——我就是不行。

这种自我挫败式思维需要先找到源头，再用新的认知（第二认知系统）重新审视这种思维是正确的吗？是真实的吗？是积极而有建设性的吗？是对我有好处的吗？如果审视下来发现都不是，既不真实也不正确，既没有好处也没有建设性，那么就想办法改变。

好消息是，这种自我挫败式思维是可以改变的。

改变的关键点就在于如何在已经形成自动反应的神经通路上做记号，让这个记号在每次遇到这种情况时对原本的自动反应有一个提醒："这不是真的""这也不正确""这是原生家庭父母错误的教育方式带来的负面影响”“真实的我不是这样的”“我是可以改变的”“我不要让这种错误的观点持续影响我”“我要做出改变”。当我们把这些新认知绑定在这个神经记号上，就会慢慢生发和创建出一条新的神经通路，这条新的神经通路是更积极且具有建设性的，并在不断被强化过程中形成新的主导性，替代原来主导的神经通路，改变就这样发生了。

心理逻辑8　消极比较思维

消极比较就是跟他人进行不恰当的比较，得出自己比别人差的负面结论。

其实，我们难免会跟人有比较，但正常的比较是在有可比性的前提下进行比较，比较的结果虽然可能有落差，但是可以通过努力去补足或补齐。就算无法补足或补齐，也可以一笑而过。

如果明明知道在某方面不如别人，却偏偏抓住这个方面不放，一定要跟人家比，把比较下来的落差作为验证自己不好的证据，那就是我们说的消极比较。比如说，自己的身高是一米七五，却非要跟一米八五的人比身高，想要强调说自己就是“五短身材”，就是“出身不好”，就是“没有好的遗传基因”，就是“天生输在起跑线上”；再比如说，跟别人比样貌，觉得“你看看他多高，多帅，你看我，又矮又丑”“你看她多美，身材又好，穿什么衣服都好看，简直就是衣服架子”“你看她鼻子多挺，鼻梁多高，我的鼻子最丑了”“你看他多有钱，我这辈子都没办法像他那么成功”。

这种消极比较是把弱点与他人的优点比较，把劣势和他人的长处比较。这种比较不但是片面的，也是错位的，得出来的结论也是以偏概全的。这种比较就很容易让人陷入抑郁状态。

田忌赛马的故事可以给具有这样消极比较思维的人很好的启发，就是“虽然在同等级的马里，我的马都不如你的马，但只要我运用得当，最终的胜利还是我的”。这个故事启示我们，积极而有策略的比较可以让人在最终结果或总体效果上胜出。

从更高维度来看，与人比较这件事本身就不具有高度的建设性，因为如果是与他人比较，就始终没有跳脱出他人对自己的影响。

心理逻辑9　悲观归因思维

悲观归因是一种思维模式。

心理学有一个非常著名的实验叫做“半杯水实验”。实验者拿一个透明的杯子，里面装了半杯水，问不同的被试：“如果你在沙漠中行走了很久，身上带的水都喝完了。这时，你看到了这半杯水，你会有什么反应？”

不同的人看到这半杯水时会有不同的反应。有的人会关注那半杯存在的水，说：“太好了，终于有水喝了”“幸好还有半杯水”“这里有半杯水，我的命有救了”；而有的人则会关注那半杯空的部分，说：“天哪，怎么只有半杯水呢”“我这么渴，半杯水怎么够喝呢”“真是天亡我也”。

可见不同的思维带来不同的眼光，不同的眼光带来不同的着眼点，不同的着眼点会影响情绪和行为。悲观归因思维则带来抑郁情绪。

如果这种抑郁情绪只是短暂存在，那还好，不会造成太大的影响。可是，抑郁者会在这种抑郁悲观情绪中沉湎，要么沉浸在过去的消极记忆里面，对于未来毫无期待和盼望，要么沉浸在过去的美好中，让自己对现状更加悲观、消极。

沉湎在负面情绪中的常见表达是：“我一直记得我爸妈打我的场面”“我始终无法忘记那天老师在全班同学面前说我是个笨蛋”“我怎么也忘不了同学们嘲笑我的场面”“我怎么也忘不了自己被辞退的那天，老板把门狠狠地摔在我身后”“从前那么多美好都过去了，再也回不来了，我也在 2018 年 2 月 14 日那天死去了”“过去多好啊，看我现在都成什么样儿了，我就这样了，好不了了”“现在的我就像行尸走肉，根本不是活着”。

在这种负面情绪中，有些抑郁者会责怪自己，有些抑郁者会怨天尤人。怨天尤人是把那些错误或不幸都归在别人身上，或归在命运上、归在老天上。要么觉得出身不好，没遇上好父母；要么觉得运气不好，没遇上好配偶；要么觉得老天不好，没有给自己好机会。常见的表达有："都怪我父母能力不够”“都怪父母不争气，没有给我足够的 old money（家业），想创业都没有本钱”“都怪父母没有提供给我足够的人脉资源和社会资源，让我无从开拓”“都怪我运气不好，没娶到一个有钱的老婆”“都怪我的原生家庭不好，没有给我好的父母，让我得了抑郁症”“都怪老天对我不公，让我得了抑郁症，我这一生都废了”。

这种悲观归因思维同样可以通过在神经系统上做记号的方式进行重塑。

心理逻辑 10　认知失调思维

认知失调是指在很长一段时间里对生活中一件重要的事情或关系有一种固化的认知，而这种固化的认知在这件事或关系发生重大变故时被强烈冲击到，甚至被否定掉，由此而产生的认知故障。这时，一方面，想要坚守这个长期坚信的认知；另一方面，已经发生的事实又在无情地轰击着这个认知，使其不得不改变。不得不改变但却尚未改变的中间状态就是认知失调期。

对抑郁者来说，有时候就是有这样一种卡点事件，引发抑郁。

卡点事件就是造成一直坚守的认知被现实严重冲击后不得不改变的重大事件。卡点事件和前面提到的重大生活事件的区别在于，重大生活事件普遍对人有冲击力，是合乎逻辑的冲击力，但卡点事件是指一反常态、与期待严重不符甚至反差严重的事件，在人的大脑神经回路里放下了一个暂时无法调和的违和点。

在卡点事件之前，人看上去各个方面功能都挺好的，没什么问题。但在卡点事件之后，因认知失调而出现各方面功能失效，进而发生抑郁。

举例来说，一个人在公司里得到了上上下下领导和同事的一致好评。到了重要的时间节点上，本以为会被升职加薪，结果出乎意料，自己没有被提拔，反而是平时工作不起眼的同事上位了，自己还要在这位同事手下工作。他怎么想都想不明白，无法接受现实，整个人好像陷入了机器故障状态，茶不思饭不香，睡眠也出现问题，无法继续工作。这就是卡点事件带来的认知失调。

再举例来说，一个高中生平时学习非常好，年级排名一直都是第一名，全校师生都指望且认定他一定会考上清华大学，这也是他自己的期待。可是到了高考时，这位高中生发挥失常，不但没考上清华，连重点大学都没考上，这个结果让所有人大跌眼镜，他自己也大失所望。他怎么都想不明白，高中三年一直都是第一名，按照平时成绩考清华没有任何问题，怎么到了高考就发挥失常了呢，而且失常得如此离谱。整个人无法接受现实，出现认知失调，整天把自己关在家里，谁也不见，饭也不吃，觉也不睡，甚至有自杀想法。

认知失调引发的抑郁状态，可以持续很短的时间，也可以持续一生之久。

这种心理逻辑的调适办法主要是如何将新的现实纳入认知系统中打破违和感，让抑郁者意识到这个新的事实虽然表面上和之前固有的认知相违和，但实际上还是可以说得通的，从而建立和接纳新的认知。

心理逻辑 11　丧失目标感思维

目标感对很多人来说也是至关重要，因为目标感涉及目标实现过程中带出来的能力、潜力、热情、意志、心志以及目标实现后的成就感、价值感和意义感。

目标感和前面说的意义感的区别在于，目标感对应的是调动动力、应对挑战、兑现能力、挥洒热情和拼搏精神以及达成目标后的成就感需求，需要有一直在路上的感觉。意义感对应的是光有目标不行，这个目标要有我的标准定义下的意义感才能调动我，需要深邃的认知维度加持，要的是与众不同、超凡脱俗甚至超越众生的效果。

没有目标感，人也容易陷入空虚状态中，进而发生抑郁。尤其是个体之前一直保持着拼搏奋斗的状态，且一贯有成功达成目标的经验和能力，直到有一天，当所有当下的目标都达成了，找不到新的目标追求了，遂即陷入一种无限空虚的状态。这种状态非常煎熬，甚至是可怕和绝望。

举例来说，某人在职场高位奋斗多年，风风火火多年，一路凯歌，一马平川，激情四射。人年近 60 岁，却像年轻小伙子一样踌躇满志，志气昂扬，觉得自己什么都行，什么都能做成，到了忘记年龄的癫狂状态。这时，忽然一纸通告来临说，"退休年龄到了，该退休了"。于是，一日之间卸下了高位，开始被动过起老年生活，看看报纸，下下象棋，和老年人遛遛弯，唠唠闲嗑。没有了目标感，整个人瞬间下滑到空虚状态，无法调适，开始抑郁。

再举例来说，企业是自己创建的，公司是自己管理的，想不退休就不退休，可以不断追求更高更大的事业目标，人很自然地被欲望所驱使。但欲望是没有尽头的。对于有些人来说，在这个过程当中反复体验过的达成目标的成就感已经不新鲜了，觉得没有意思了，开始空虚了，没有什么目标能够再带动我了，没有什么欲望能够再驱使我了,没有什么梦想可以让我再打起精神去追求的了。

失去目标感引发的空虚之痛也会引发抑郁。

其实,在人大半生的追求中,可见的目标占据了绝大多数人的思维。可见的目标是指看得见、摸得着的目标,包括财富目标、学位目标、名誉目标、荣耀目标等,但实际上,这些可见目标都太具有结果性,而忽略了达成目标的过程。过程性目标却可以让目标这件事带来更大程度的内心满足、内心丰盈和更长时间的幸福感。这些过程性目标包括准确判断事物核心属性的深邃洞察力、迎难而上且克难制胜的自我效能感、面对人生不如意的心理承受力、深度共情他人的情绪感受力、深度理解人性的心智成熟度、在世俗洪流中独辟蹊径的勇气和魄力以及伴随相生的具有超越性的淡定与从容。

心理逻辑 12 环境不可抗力思维

幸运的话,前面所说的 11 种抑郁者心理逻辑你可能都没有。但如果陷入一种压抑到窒息的环境下,恐怕也可能会抑郁,因为在这种环境下,很容易生发一种环境不可抗力思维。

环境不可抗力思维是指认为当下糟糕至极的环境是某种不可抗力所致,且会永久持续,无法改变。压抑的环境会压制动力、扼杀热情、消磨意志,让一身武艺无处发挥,让一腔热血无法点燃,让宏图大志无法施展,尤其是那些持非凡梦想、想要展鸿鹄之志的人,在压抑的环境下就更容易抑郁。

古人说:“天将降大任于是人也,必先苦其心志,劳其筋骨,饿其体肤,空乏其身,行拂乱其所为”。可是,如果已经抱定一个观念,就是这种环境无法改变,且在这种环境中已经出现抑郁病症了,能不能熬过来还不确定,就更别说凤凰涅槃、绝处逢生了。

从笔者经验来看,压抑的环境可以塑造人,也可以压垮人,要看这个人在这个环境中持怎样的心态,行怎样的操练,过怎样的日子。

如果在压抑艰苦的环境下，虽饱受煎熬，但心志不改，刻苦己身，身体力行训练之道，磨砺意志，训练技术，获得一种渐进式修为，保持乐观的精神，始终抱持盼望，那么这个环境就成了有力的塑造环境。一旦有机会离开这个环境，就可以恢复功能，甚至大鹏展翅。相反，如果每天以泪洗面，悲观消极，怠惰不前，怨天尤人，且认为这个环境无法改变，永久持续，那么整个人的功能状态也会随之消减且受损严重，即便有机会走出压抑环境，恢复也比较困难，甚至恢复不起来。

以上 12 种抑郁者常见的思维方式和心理逻辑是笔者在呕心沥血中完成的书写。笔者仿佛再次经历了字字到肉的痛苦。如果你可以从这些思维方式和心理逻辑中感受到痛、感受到苦，请相信，笔者与你同感此痛、同历此苦。

本章闪问闪答

1. 问：抑郁者的思维方式属于认知问题还是人格问题？

答：抑郁者的思维方式一般来说属于认知问题，但如果这种思维方式已经固化到很难撼动的程度，就变成了一种人格问题。如果这种人格问题不仅体现在一个方面，而是多方面，就慢慢形成一个人格模式，就要考虑是否达到人格障碍的诊断标准。

2. 问：抑郁者的思维方式与人格障碍者的思维方式有何不同？

答：抑郁者的思维方式尚未明显固化，有被撼动和改变的空间和余地；而人格障碍者的思维方式已经比较固化，很难改变，并且对生活造成了更严重的影响。

3. 问：抑郁者的思维方式如何在形成初期及时发现？

答：这些思维方式首先会造成生活适应性上的问题，不管是在自己的功能体现上，如学习和工作，还是在与人互动的关系功能上，如社交和人际关系，都会有所体现。如果在这些适应性问题出现时及时捕捉到背后的思维方式问题，就可以及时发现，及时解决。但很多时候没有什么大不了的事，事情解决了问题就过去了，因此错过了及时发现根本问题的机会。

4. 问：抑郁者的思维方式如何改变？

答：思维方式的改变涉及认知探索、认知澄清、认知标记和认知修正等，这些都是心理咨询和治疗的工作范围。

5. 问：抑郁者的思维方式想要改变的话用什么方法最好？

答：没有最好的方法，只有最合适当事人的方法。因为个体有差异，适合一个人的方法不一定适合另一个人。

6. 问：抑郁者的思维方式改变难度大吗？

答：一般来说还没有固化就不难。但心理咨询和治疗往往都需要以月为单位来计算，并非一日之功。

7. 问：抑郁者的思维方式是否可以自己调整？

答：如果抑郁者本身有强大的觉察、觉知能力，有强大的自省能力，有敞开面对自我问题的勇气，又有改变问题的专业知识和技能，那就可以自我调整。但显然，具备这些能力的人并不多。有时候，只是自以为自己具备，实际上并不具备。这也和抑郁者的病症有关，因为抑郁症本身决定了自身思维的偏差和局限。

8. 问：抑郁者的思维方式不改变会影响抑郁症的康复吗？

答：抑郁者的思维方式是造成外在症状的内在机制。如果不改变，不一定影响控制症状，甚至可以恢复部分功能。但有些功能，如人际关系功能，不一定恢复得好，且在复发问题上更容易复发。

9. 问：这些思维方式在抑郁症复发中扮演什么角色？

答：人在受到压力刺激时，认知作为中间变量，决定了如何解读刺激、如何加工刺激。如果认知偏差，那么解读和加工的结果就可能是过激反应，如暴躁或抑郁等。如果这次的疗愈和康复没有改变这些思维方式，下次再受到刺激，还是会用同样或类似的方式解读和加工，就会有同样或相似的结果，也就是抑郁症复发。

第五章

抑郁者的
大脑出了什么状况

抑郁者的大脑出了什么状况

前面章节讲述了抑郁症是什么病，有哪些症状表现和影响因素以及抑郁者的思维模式是怎样的。有些人会发现，单单是从思维模式的心理角度来看待抑郁症的症状好像还不够，因为抑郁者的很多表现已经超出了常人可以理解的范围。

比如，陷入深度抑郁情绪中无法自拔，致使有极端想法出现，想要伤害自己甚至结束自己的生命；比如，对生活中任何事物都提不起兴趣，无法感受到愉悦感，不管他人如何描述有趣的人事物，对他来说都好像与己无关，好似隔着一层无法穿越的屏障；比如，控制不住地消极看待事情和人际关系，好像所有事情都有缺憾，所有关系都不完美，并在这些缺憾和瑕疵中沉溺，几乎无法在任何事情或关系中得到满足；比如，一边倒地否定自己的价值感，就算在外人看来已经取得了巨大的成功，也无法改变对自己的否定，同时也否定事情的意义和活着的意义；比如，长时间处在负面消极悲观的状态下无法自拔，无法通过通常的方法自我调整，甚至无法向他人寻求帮助。

这些表现都是通常不会出现的状态，已经对正常生活造成了严重影响，无法上学、无法上班，甚至无法出门、无法与人交流。而且当旁人想要通过学习前章所述的思维模式和心理逻辑来与抑郁者讨论，说：“你这个逻辑有问题，你改一下就好了”“孙医生说得很清楚，你照做就好了”“你现在知道自己的卡点在哪里了，改变一下视角就不会卡住了”“这里有自救方法，你可以走出来的”，却发现即便理论上说得通，抑郁者也无法在行动上做出有效改变。

这时，就不得不问这样的问题：“这些抑郁者到底怎么了”“为什么明明讲通了道理，还是无法改变呢”“明明已经如此痛苦，为何还不走出来呢”“明明知道需要改变，为何做不到呢”。

要回答这个问题，就要回到第一章的主题：“抑郁症到底是什么病？”

抑郁症在轻度时，一般不涉及神经化学或神经生物学的改变，因此不一定需要服药，可以通过心理疏导、心理咨询和心理治疗得到有效缓解、疗愈和康复，甚至不接受专业治疗，有些抑郁者也可以通过自我调整走出困境。但如果已经达到了中度以上的严重程度，恐怕就不是说说道理可以改变的了。这时，就要了解抑郁者的大脑出了什么状况。

如果说抑郁者的大脑出了状况，你会不会很惊讶？会不会很害怕？会不会觉得难以置信？觉得“抑郁症不只是心里想不开吗”“抑郁症不只是聊聊天就好了吗”“抑郁症并不像很多精神病人那样有可怕的行为啊”“也没有看到哪个抑郁症患者表现出攻击性或有疯狂的举动啊”“可为什么有人会说得了抑郁症，就像残废了一样呢”“难道抑郁症也会影响大脑”“难道抑郁者的大脑真的有毛病”。

请千万不要误解，说“抑郁者就是脑子有毛病”，甚至我们都不会用“大脑出问题”这样的字眼，因为这些表达都可能会在无意中对抑郁症“污名化”。

“污名化”是指对一种概念有意无意地贴上了通俗意义上的负面、贬低、令人厌弃的标签。

在日常生活中所说的“脑子有问题”或“脑子有毛病”是一种非常负面的表达，甚至在某种语气和语境下可以是一种骂人的表达。

也正因为如此，抑郁者很有病耻感，觉得“千万不能让人知道我有抑郁症”“一旦让人知道，他们一定觉得我脑子有毛病了”“他们一定觉得我神经病了”“他们一定觉得我疯了”“他们一定不愿意再和我玩了”。

当我们尝试阐述抑郁者大脑的状况时，并非是指“疯子”“傻子”“怪人”“变态”等含义，而是想表达精神心理问题其实在神经化学甚至神经生物学层面会影响到大脑的功能状态，让抑郁者无法按照自己本来想要的方式去表达自己、驱动自己和呈现自己。

笔者将尽可能地把关于抑郁症的那些复杂难懂的脑神经知识用简单、通俗、易懂的语言传递给大家，让没有任何医学基础或心理学基础的读者朋友都能够理解和明白，这对理解抑郁症的症状和治疗方法非常有帮助。

本章将从两个层面来阐释抑郁者的大脑发生了怎样的状况，一个是神经化学层面，另一个是神经生物学层面。

一、神经化学

神经化学是指研究大脑中神经元彼此之间通过神经递质传递信号的学科。这些信号传递如果不是决定了，至少在很大程度上影响了我们的思想、意识、情感以及由此引发的行动趋向。

从目前主流的研究结果来看，抑郁者的大脑中某些神经递质出现了显著的浓度异常或紊乱，由此造成抑郁症。这些神经递质主要包括5-羟色胺、去甲肾上腺素和多巴胺。多巴胺就像发动机，作为起始动力和维持动力的重要组成部分，带动人体的精神和身体做事情。去甲肾上腺素就像润滑剂，让发动机可以更好地行使功用，本身也具有明显提升体力的作用。5 -羟色胺就像吸尘器，把发动机里那些阻碍机器运转的灰尘都吸走，让情绪的加持作用充分发挥出来。还有其他一些化学物质，比如下丘脑释放的激素以及大脑各部位分泌的脑源性神经生长因子，也参与神经信号的传递过程以及神经细胞的修复和再生过程。为了不增加各位读者理解上的负担和困难，我们只介绍主要的神经递质，便于理解和记忆。

5 -羟色胺、去甲肾上腺素和多巴胺这三种神经递质在抑郁者大脑神经元突触间的浓度明显降低，进而引发抑郁症的一系列症状。造成这种情况的原因要么是分泌不足，要么是再摄取过多，而药物就可以通过不同机制恢复这些神经递质的浓度，从而改善抑郁症状。

二、神经生物学

神经生物学是研究神经系统的解剖、生理和病理方面内容的学科，这不仅包括神经元与神经元之间信号传递的部分，还包括各种脑部位的解剖关系。研究发现，长期抑郁症患者大脑中主管情绪的边缘系统的主要部位杏仁核有体积增大的特点，主管认知和理性的前额叶皮质部位则有体积变小的倾向。这些改变都在提示：严重的抑郁症患者已经不再是单纯的心理问题，而是已经上升到大脑神经生物学层面的问题。

抑郁症的发病到底和哪些脑结构有关呢？主要包括杏仁核、海马体、扣带回和左右前额叶皮质。

1. 杏仁核

杏仁核是产生、识别和调节情绪的重要脑部组织。有多项研究表明，抑郁症患者的杏仁核体积增大，且呈正相关关系，也就是说抑郁症越严重，时间越久，杏仁核的体积越大。“体积”是结构性概念，杏仁核体积增大，就意味着脑结构发生了变化。脑结构跟脑功能是相匹配的。抑郁者大脑的杏仁核体积越大，说明抑郁情绪就越强烈。还有研究表明，杏仁核的体积跟自杀倾向是呈正相关的，即杏仁核体积越大，自杀倾向越明显。

2. 海马体

研究表明，重度抑郁者大脑的海马区域会变小，尤其是21岁之前被诊断抑郁症的患者，海马区域更小。这个变化和杏仁核是相反的。

海马体这个部位跟记忆功能紧密相关。海马区域变小，表明海马体的记忆功能也会随之下降。这也解释了很多抑郁者正在经历记忆力越来越差的症状。有些常年的抑郁者经常会抱怨说：“我的记忆力现在远远不如以前”“现在记性非常差，说过的话转眼就忘”“昨天刚做过的事，今天也会忘”。

其实这是一个病理现象，年龄比较轻的抑郁者就会出现这样的问题，这和老年抑郁者的记忆力自然下降不是一回事。这也给我们一个重要提示：如果被诊断为抑郁症，就需要及时干预和及时治疗，不然可能会对大脑造成损害。

3. 前扣带回

前扣带回是参与行为、认知、情绪调节的重要部分，也是情绪整合的重要中枢。如果前扣带回损坏，会导致抑郁症患者对悲伤情绪的识别更加敏感和迅速，容易产生悲观、消极情绪，而对于那些乐观的、积极的、向上的信息，却很容易过滤掉，逐渐形成恶性循环，这就是负性消极思维。前扣带回在这样一个情绪反应过程当中扮演重要角色。

4. 左前额叶皮质

左前额叶皮质主要负责计划决策，各种神经活动的调控、执行、统筹和理性思维功能等。我们常常把左前额叶皮质称为理性脑，把杏仁核称为情绪脑。前额叶皮质也是我们认知行为疗法（CBT）所针对的脑部位，也就是说 CBT 其实是训练我们的左前额叶皮质。当我们的左前额叶皮质的理性功能被训练提高以后，就会在一定程度上缓解杏仁核带来的不良情绪的反应。有研究表明，青少年抑郁症患者的左前额叶皮质体积减小，就意味着它的功能也随之减弱。所以，如果左前额叶皮质体积减小的话，很可能就没有办法做理性思考。

5. 右前额叶皮质

抑郁者的右前额叶皮质过度活化会抑制行为。很多抑郁症患者觉得自己动不了，动力不足，那么有可能是跟这个右前额叶皮质有关。前面曾提到抑郁症的核心症状之一就是失联感，跟他人失联、跟群体失联、跟环境失联，也跟自己的情绪失联、跟自己失联，也跟右前额叶皮质过度活化有关。失联对抑郁症来说到底是因是果，即到底是因为失联而抑郁，还是因为抑郁而失联，恐怕又是一体两面的逻辑。

这些脑部的神经化学变化和神经生物学变化已经把抑郁症这件事提升到了精神疾病层面，听起来很严重、很可怕。这些脑神经原理的解释可以带给我们以下几点提示：

提示 1：抑郁症严重时具有病理性　不要以为抑郁症就是“想

太多而已”“心理转不过弯儿来”“可以通过简单聊一聊就好起来的”“不用治疗，自己就会好起来的”，或者是“忍一忍就能扛过去的”，这些对抑郁症的理解都不准确，也很有风险，需要正确看待抑郁症。

提示 2：抑郁症严重时无法自控　既然抑郁症在严重时有如此这般的神经病理性存在，那就很容易理解抑郁者的身不由己、无法自控、无法自愈。因此，旁人在看到抑郁者有如此这般的表现时，请对他们多一些理解和体谅，而不是“站着说话不腰疼”。

提示 3：抑郁症的药物治疗很重要　抑郁症严重时的神经病理性决定了药物治疗是必须的，也是权衡利弊后的必然选择。很多人因对药物治疗有误解延误了治疗时机，造成严重后果。

提示 4：抑郁症需要尽早治疗　不管是药物治疗，还是心理治疗，都需要尽早干预。有越来越多明确的证据证明抑郁症对大脑的侵害，如果不尽早干预，就会越来越严重。

本章闪问闪答

1. 问：抑郁症需要多久才能造成大脑状况？

答：轻度抑郁症不一定会造成大脑的神经化学变化或神经生物学变化，但中度以上抑郁症就很可能会造成神经化学变化，重度以上抑郁症时间久了就有可能造成神经生物学变化。到底要多久，目前研究资料很有限，从笔者临床经验来看，3 年以上的重度抑郁症患者出现神经生物学改变的概率较大。

2. 问：抑郁者的大脑状况可以恢复吗？

答：按照神经可塑性原理和抗抑郁药的药理机制来看，可以恢复。

3. 问：可以恢复到原样吗？

答：按照神经可塑性理论来看，不但可以恢复到原样，还可以更好。

4. 问：抑郁症的大脑状况如何恢复？

答：通过药物治疗不但可以改善大脑神经化学平衡，还可以有效修复大脑细胞损伤，或减缓大脑细胞坏死的速度，进而改善大脑功能。心理治疗和物理治疗（详见第七章）也有类似功效。

5. 问：需要多久才能恢复？

答：神经化学平衡大概几周就可以恢复，恢复之后需要更长时间,大概需要一年来巩固。神经生物学的恢复需要更久。抑郁症持续时间越久,恢复需要的时间就越久。

6. 问:这种大脑状况可以通过手术改善吗?

答:曾经有过手术治疗尝试根治抑郁症的个案,但大多以失败告终。目前没有普遍认可的手术方式可以有针对性且有效改善抑郁者的大脑状况;从另外一个角度说,抑郁症也不见得需要用手术治疗,因为抑郁者的大脑状况不是像肿瘤一样有具体可切除的对象,而是一种功能性问题。这种功能性问题可以通过药物治疗、物理治疗和心理治疗达到较好的治疗效果。

7. 问:单独做心理治疗可以改善大脑状况吗?

答:单独做心理治疗可以在一定程度上改善大脑状况,不管是神经化学层面,还是神经生物学层面,都可以改善,但所需时间较物理治疗和药物治疗要更久。

8. 问:大脑神经可塑性到底可以发挥什么作用?

答:神经可塑性理论认为,大脑任何部位出现的病症造成的功能问题都可以通过再训练得到一定程度的恢复,甚至负责这部分功能的大脑部位已经坏死了或因外伤消失了,都可以找到其他部位来代偿这部分的脑功能。

9. 问:如何利用大脑神经可塑性来提升自己?

答:大脑神经可塑性原理认为,任何训练大脑的方法都有助于提升脑力。就笔者个人经验而言,快速阅读是一种通过大脑神经可塑性原理提升脑功能的快捷方法。

第六章

抑郁症
到底如何判断

抑郁症到底如何判断

前面章节讲述了抑郁症是什么病、有哪些症状表现和影响因素以及如何从心理机制和病理机制去理解抑郁者的内心和大脑。接下来需要了解如何判断抑郁症，通俗来讲就是，“我怎么知道自己是不是得了抑郁症”“我怎么知道自己是得了抑郁症还是别的病”。

目前，在全世界范围内有三大诊断标准体系，分别是国际标准ICD－11，全称《国际疾病分类标准（第十一版）》，美国标准DSM－5，全称《精神障碍诊断与统计手册（第五版）》，以及中国标准CCMD－3，全称《中国精神障碍分类与诊断标准（第三版）》。

国际标准是由世界卫生组织的精神病学专家制定，根据疾病的分类进行组合，并用编码的形式来表示的系统分类。美国标准是美国精神医学学会（APA）组织精神病学专家编订的诊断手册，目前在全世界范围内也有认可度。中国标准是由中国精神病学专家编订，虽然已经多年未修订，但仍具备一定的权威性，尤其是在中国文化背景特色病症方面很有参考性。

我们会结合这三大标准阐述如何判断抑郁症，以及抑郁症与其他病症如何区别。

这三大标准对抑郁症的诊断维度非常相似，主要包括以下四个维度：症状标准、病程标准、功能标准和排除标准。

症状标准就是要判断是否达到抑郁症的严重程度，需要在症状数量上满足多少种症状，程度上是否达到显著水平，且是精神科学界定的症状，而不是大众认为的症状。这里有两点提示：

提示 1：症状标准要素 当非专业人士看待这些症状描述时，如果单纯按照字面意思去理解，恐怕很容易产生误解。比如说“心境低落”，通常的理解就是“心情不好”，觉得只要心情不好就满足这条症状描述。但精神科医生做评估时，不会一听说“我心情不好”，就认为符合症状描述，而是会继续问：“你心情不好是发生在什么样的情境之下”“有什么样的具体表现”“这种情绪不好会持续多久”“这种情绪造成了怎样的影响”“最糟糕到什么样的严重程度”“最后怎样缓解的”等问题，这些问题我们称为“症状标准要素”。通过一系列询问来判断患者说的“心情不好”是不是达到诊断标准的“心境低落”。

提示 2：症候群 不是有情绪低落就是抑郁症，不是有兴趣减退就是抑郁症，也不是有精力不济就是抑郁症，而是要满足一定的症状数量且达到一定程度的综合判断。如果抑郁者的内核出现问题，那么外在表现一定是一个症候群（syndrome），是一个个相互关联的症状同时出现，而不是一个单一症状。

只有满足了以上两条标准，才能判断是否达到症状标准。

病程标准是指这些症状持续多长时间。一般认为抑郁症的症状需要持续两周以上。这个两周的概念既表明在这两周时间里没有明显缓解的间歇期，也表明在两周之后也不会缓解。两周代表一种持续状态，可能持续两个月或更久。如果不被干预，一般无法自行中止。

功能标准是指这些持续的症状发生让当事人的学习、工作和生活等基本功能受到了影响，即功能受损。如果只是有症状，但没有功能影响，抑郁症的诊断也很难成立。

排除标准是指满足了症状标准、病程标准和功能标准之后，还需要看同时满足以上条件的是否还有其他病症。如果有，就需要排除，或诊断共病，即共同存在的病症。

了解了以上四个维度之后，我们来看在三大诊断标准的基础上，如何判断抑郁症。

一、抑郁症的三大诊断标准

1. 国际标准

国际标准把抑郁症的症状分为“核心症状”和“辅助症状”两大类。

核心症状包括三个方面，即心境低落、兴趣减退或丧失和精力不济。辅助症状包括注意力降低、自我评价降低、自罪观念、无价值感、悲观、自杀观念、睡眠障碍和食欲下降等。不同数量的症状群表明抑郁症的不同严重程度。

轻度抑郁症要求至少存在两条核心症状，加上两条辅助症状，社会功能有一定受损，但没有明显影响正常生活，且排除其他的精神疾病。

中度抑郁症要求至少有两条核心症状，再加至少三条辅助症状，持续时间超过两周，社会功能有比较明显的受损，同时排除其他的精神疾病。

重度抑郁症要求三条核心症状都有，再加至少四条辅助症状，持续时间至少存在两周，社会功能受损严重，几乎没有办法正常工作或者社交生活，同时排除其他的精神疾病。

2. 美国标准

美国标准里的核心症状不是三条，而是两条，就是心境低落和兴趣减退。辅助症状除了有体重或食欲改变、睡眠问题、疲乏感、价值感低、注意力不集中和自杀意念等和国际标准相同的症状外，还多了一条言语或运动迟缓。以上核心和辅助症状总体来看，如果达到五项以上，且其中至少一条是核心症状，持续两周以上，同时包括社会功能严重程度和精神疾病的排除标准，才能够诊断抑郁症。

3. 中国标准

中国标准大同小异，包括兴趣丧失、精力减退、精神运动性迟滞或激越、自我评价过低、反复出现的自杀意念和自伤行为、睡眠障碍、食欲下降、性欲减退等症状。

在中国标准里，有一点和国际标准及美国标准都不同的是，它把自伤行为放进来作为常见症状之一，其实这也是比较具有中国特色的症状，尤其是青少年人群中自伤行为发生率较高。但因为青少年的抑郁症常常以不典型形式出现，以青少年的常见表现作为所有抑郁人群的常见症状，笔者认为有待商榷。

中国标准要求是以心境低落为主，至少有四项以上症状，且持续两周以上，社会功能受损，排除器质性疾病或其他精神障碍。

由此可见，三大诊断标准在症状类型上大同小异，基本一致，只是在症状的共性程度上存在微小差异，即有些诊断标准认为某个症状是核心症状（如精力不济），是大多数抑郁者都有的症状，其他诊断标准则不这样认为；有些诊断标准认为某个症状应该也算是抑郁症的主要症状（如自残），但其他标准不这样认为。这有可能和不同文化、不同人种表现出来的抑郁状态存在差异有关，但这并不影响我们在全世界范围内认识和了解抑郁症到底是什么病。

再次提醒：非专业人士谨慎给他人作抑郁症判断，因为症状如果没有满足要素是不能成立的，会造成误判。抑郁症的诊断标签压力很大，请勿给他人造成困扰。如果你想帮助他人，可以提醒他去看精神科医生，进行专业诊断，以防误判。

实话说，虽然精神科医生也有可能误判（甚至误判的情况不少），但总归是更专业些，参考价值更高些。

为了防止非专业人士误判抑郁症，量表评估就显出优越性。

二、抑郁症的量表评估

量表评估就是将专业的症状描述转换成以选择题的形式对特定生活话题的感受程度、发生频率等来进行界定。这些选择题都是关于生活场景的描述，选项也容易理解，便于患者或非专业人士进行评估。

量表通常具有信度、效度和常模等属性指标，这些属性指标旨在证明这个量表是经过专业验证的。量表选项常常有数字代码，还可以进行量化分析。

举例来说，量表中有一道题是关于低落情绪的。题后有四个选项，分别是"我没有低落情绪""我有时候有低落情绪""我经常有低落情绪""我一直都处在低落情绪状态，怎么也摆脱不了"。这四个选项代表不同的严重程度和发生频率，并且这四个选项的代码分别是0、1、2、3，评估者根据自己的实际情况和感受选择适合自己的选项，得出分数，最后把所有题的得分相加，就可以了解自己的抑郁严重程度。

关于量表的使用有以下说明，供参考。

说明1　抑郁症可以用量表诊断吗？

可以通过抑郁症的量表评估初步了解自己是不是有抑郁症的倾向，或者看症状到了什么样的严重程度，但量表结果并不能代表诊断结果，而是需要精神科医生的临床访谈才能初步判定。

说明 2 常用的抑郁症量表有哪些？

分享三个常用的抑郁症量表，分别是“贝克抑郁量表”“汉密尔顿抑郁量表”和“抑郁自评量表”。

说明 3 抑郁者可以自己使用量表进行评估吗？

量表分为自评量表和他评量表。自评量表就是任何人都可以自己完成的；他评量表是要别人来给你测评，比如医生、护士或者由专门的测评师来进行测评。

大家可以使用自评量表进行评估，但是再次强调，不能代替临床诊断。

说明 4 便于抑郁症患者进行自我评估的量表是哪个？如何使用？

抑郁自评量表和贝克抑郁量表都可以。

抑郁自评量表有 20 个问题，是四级评分。贝克抑郁量表有 21 个问题，里面覆盖了抑郁症大部分的症状。每个问题都有不同选项，每个选项都有一个分数，做完所有问题之后就会有一个总分，根据这个总分来大概判断你现在是否已经到了抑郁症的严重程度。按照抑郁自评量表的中国常模，总分的分界值为 53 分，其中 53—62 分为轻度抑郁，63—72 分为中度抑郁，73 分以上为重度抑郁。

贝克抑郁量表总分在 10 分以下，表明没问题；总分 10—15 分，表明有轻度情绪不良，要注意调节；总分 15—25 分，表明已有抑郁，要去看精神心理医生；总分大于 25 分时，说明抑郁比较严重，急需去看精神心理医生。

说明 5 自评量表准确吗？需要注意哪些方面？

很多人在自评过程当中，往往会有分数偏高的倾向。也就是说，得分可能比实际的症状水平要高一些。所以当量表得分较高时，不要慌，去找精神科医生问诊，做临床访谈评估，确认是否有这么严重。

说明6 哪些问题或者症状描述词容易造成自测分数不准呢?

自评量表得分偏高可能是对于题目的理解有偏差,特别是在选择不同严重程度描述的时候。比如,刚刚提到的低落情绪有四个选项,分别是"我没有低落情绪""我有时候有低落情绪""我经常有低落情绪""我一直都处在低落情绪状态,怎么也摆脱不了"。很明显,这四个选项是不同的严重程度。在做这个选项选择时,其实暗含了一个前提,就是默认这个选项所描述的内容是在过去两周的时间里面比较持续性地存在的,而不是偶然存在的。"我经常有低落情绪"这个选项的意思是起码每天都有低落情绪,而不是一时一刻。如果只是偶尔有低落情绪,但不经常发生,那么选这个选项就偏重地描述了情况,就会造成得分比实际状况要高。

不过没关系,重要的是接下来能够去寻求专业的帮助,医生对实际情况进行临床访谈,再分析判断,就可以给出比较客观的结果。

说明7 量表除了帮助诊断还有什么用处呢?

精神科医生在临床上对来访者首诊时会有一个初始评估,之后治疗一段时间,如两周、四周或八周,会再次进行评估,将再次评估和初始评估的结果进行对比,据此查看治疗效果,或者判断是否有复发的情况。在病情稳定后,评估间隔可以是三个月。

有了量表,判断是否得抑郁症就变得容易。

了解了抑郁症的判断标准和量表评估方法,就知道了医生或心理咨询师是如何判断来访者是不是存在抑郁症的可能性的。

三、抑郁症和其他病症的鉴别诊断

接下来就来分辨抑郁症和其他病症有哪些区别。这些需要区别的病症和抑郁症有相似点，但也有不同之处，主要包括抑郁情绪、焦虑症、丧亲障碍、多动症、双相情感障碍、人格问题和创伤问题等七大类问题。

1. 抑郁症和抑郁情绪的鉴别诊断

抑郁情绪是每个人都会有的正常范围内的情绪低落，且持续时间短暂。

当我们发生抑郁情绪，会觉得自己感觉不好，怀疑自己是不是得了抑郁症。

抑郁症和抑郁情绪主要有以下鉴别点：

鉴别点 1　是否事出有因

抑郁情绪常常事出有因，有明显的刺激因素可以按图索骥。而抑郁症可能事出有因，也可能找不到明确直接的刺激因素，给人有小题大做的感觉。但这种所谓的小题大做是因为抑郁者已经在很长时间里在很多事情上承受了很大的压力，而当前这个事件刺激可能是最后一根稻草。

鉴别点 2　反应程度比例

在受到刺激后，抑郁情绪的程度较轻，一般不会影响到社会功能，学习、工作、社交等方面照常。而抑郁症不管是轻度还是更严重的程度，都已经对社会功能造成损害，对事件的反应程度都与情境不成比例，这是因为抑郁者内心已经积累了很多的负面情绪，到了一触即发的程度。

鉴别点 3　持续时间长短

抑郁情绪往往短暂存在，可以持续几分钟、几个小时或几天，但一般不会持续超过一周。而抑郁症一般都要超过两周以上，且两周以后不见消减迹象，呈现出一种持续抑郁的状态。

鉴别点4　是否有躯体症状

一般来说，抑郁情绪并没有明显的躯体症状。抑郁症可以有很多的躯体症状，比如乏力、头昏和肌肉疼痛感等。

鉴别点5　是否有节律性

抑郁情绪没有明显的节律性，是随着刺激事件发生而发生。抑郁症的节律性体现为晨重夜轻，就是早晨情绪低落比较重，晚上比较轻。这种节律性很可能是因为抑郁者在晨起时会有一个很大的为难情绪，觉得“这新一天到底该怎么过呢”“到底要怎么过呢，好像怎么过都不好”“怎么过都难过”，这种为难情绪让抑郁者不知道怎样面对新一天。

通过这几方面我们可以大概判断一个人是抑郁情绪，还是抑郁症。

如果把抑郁情绪夸大成抑郁症，会让人感到很恐慌；但如果把抑郁症低估为抑郁情绪，也会耽误病情。这两种情况都不是我们希望看到的。

在此再次提醒，普通人如果发现自己或他人有抑郁表现，若要确定自己是否患抑郁症，建议去精神科医生那里做专业评估。

2. 抑郁症和焦虑症的鉴别诊断

抑郁症和焦虑症经常一起出现，也就是我们说的共病问题。

这两个病症就像是孪生姐妹一样，总是黏在一起。临床发现，抑郁症和焦虑症共病概率在70%以上。换言之，确诊抑郁症的患者中，有70%以上会同时患有焦虑症。

尽管如此，抑郁症和焦虑症在临床上还是有多种不同的症状表现。

关于抑郁症跟焦虑症的区别，我们可以从以下多个层面来对比。

动力不同 抑郁症患者的动力低下，什么都不想干，也干不起来。焦虑症患者的动力是比较高且散的，既想干这个，又想干那个。

纠结点不同 抑郁症患者很多时候是放不下自己、放不下过去的事。焦虑症患者很多时候担心现在和将来的自己或事情。

对象不同 抑郁症患者很多时候可能是针对自己过不去。焦虑症患者很多时候是针对事情过不去。

盼望不同 抑郁症患者可能丧失目标感，或因目标遥不可及感到对未来无望。焦虑症患者可能对目标过于看重，过度担心达不到目标，很希望拥有一个美好的未来，但过于害怕面对未来的不确定而不想去面对所遇到的问题。

思维不同 抑郁症患者可能会慢慢地思维变得迟缓、记忆力不好、脑功能会下降。焦虑症患者思维会很活跃，不停地去想各种各样的事情，而这种思考不一定具有建设性。

力量感不同 抑郁症患者可能有无力感。焦虑症患者可能会用力过度。

躯体症状不同 抑郁症可以有一些躯体症状，比如无力、睡眠障碍、食欲下降等。焦虑症的躯体症状更多，包括头痛、头晕、失眠、胸闷、手抖、血压增高、心慌、心悸、心前区疼痛感、胃肠道不适感、皮肤过敏反应、口腔溃疡等。

行为模式不同 抑郁症患者更多想放弃。焦虑症患者却是更多想抓住，而且抓得太紧。

生死观念不同 当抑郁症严重的时候，患者很多时候是心灰意冷，想死。焦虑症患者更多是百般努力不想死，想好好地活，并且想活得很精彩，同时因此会有很多担心。

基于以上比较，可以比较清楚判断抑郁症和焦虑症的区别点在哪里。

如果在抑郁症和焦虑症共病的情况中，也有先后发病的说法，那其中的逻辑可能有两种：

逻辑一：先有焦虑后有抑郁。焦虑者常对自己有要求，对事情有期待，总是担心达不到要求和期待，就会产生焦虑。当反复多次达不到要求和期待，就会产生一种习得性无助感。再进一步发展，就会产生无力感或无望感，进阶性加重，进而衍生出抑郁状态。

逻辑二：先有抑郁后有焦虑。还有一些患者可能因为遗传性关系，先发抑郁，发病较早，造成自信心和自我效能感过低，注意力和记忆力也受到影响，导致很多事情做不好，进而产生对一些场景和情景的预期焦虑感。

3. 抑郁症和丧亲障碍的鉴别诊断

丧亲障碍，又叫居丧反应，是指亲属死亡这个应激事件所导致的一些反应，是一种极度悲伤状态，甚至会发展成为创伤性哀伤。

在之前版本的美国标准里认为，如果亲人丧失以后，抑郁症状持续不足两个月，就不诊断为抑郁症。在丧亲哀伤的初始阶段（一般认为是在一个月到两个月之内），认为有悲伤情绪是非常自然的，可以理解的。除了悲伤情绪之外，可能还会涉及睡眠问题、饮食问题，甚至工作状态也受到影响。但后来在最新版本的美国标准里把这个标准给挪除了，很可能因为美国精神病学专家经过评估认为，如果居丧超过两周，抑郁症状仍然不减轻，可能还是要考虑有抑郁症。

为了更好地判断抑郁症和丧亲障碍之间的不同，探讨以下几个方面的鉴别点。

鉴别点 1　事实因素

丧亲哀伤是有丧亲的事实因素刺激，而抑郁症不一定有丧亲的因素影响，可以是毫无来由的发作。

鉴别点 2　症状表现

丧亲哀伤的症状主要是落空感和失丧感，以及伴随的其他相关症状。这位重要他人一直在患者生命中，人突然去世了，给患者造成空落落的感觉。这种失丧感和落空感就像釜底抽薪，让人觉得措手不及，无所适从，不知道该怎样应对和调整自己，带来非常大影响。抑郁症的症状主要是情绪低落、兴趣丧失、精力不济等，还可以有非常丰富的症状群，而不单单是落空感和失丧感。

鉴别点 3　情绪内容

丧亲哀伤的悲痛感同时可以伴随关于逝者的积极情绪和记忆，而抑郁症状几乎没有积极情绪和状态。

鉴别点 4　发作规律

丧亲哀伤的情绪发作呈现波浪式，时强时弱，不是一直存在，而是一阵一阵的，有节奏感，发作几个小时之后会缓解，就像波浪一样，一波一波的感觉。而抑郁症的症状往往是持续的。

鉴别点 5　相关对象

丧亲哀伤的症状几乎都和逝者有关，而抑郁症状几乎都和自己有关。丧亲哀伤的症状如果不是跟逝者有关，涉及自己的部分，比如说很自责、很内疚，也可能是因为觉得没有照顾好逝者，没有尽到自己的责任，没有实现逝者的遗愿等，还是跟逝者有关。

鉴别点 6　自尊留存

丧亲哀伤的症状中自尊是基本保持的，而抑郁症状中常有低自尊、低自信、低自我价值感，甚至有自我厌恶感。哀伤中的自我厌恶即便有，也是跟逝者有关的自责感，是一种单一维度的自责，而不是像抑郁症那样普遍性的自尊降低。

鉴别点 7　自杀想法

丧亲哀伤症状中一般不会有自杀想法，即便有自杀想法，也是出于和逝者团聚之类的目的。而抑郁者可以有自杀想法。

鉴别点 8　自愈性

丧亲哀伤常有自愈性，一般不用药物就可以好转、康复。一般认为，一个月到六个月是比较常见的期限，更多是一到两个月，基本可以恢复。当然，如果发展成为创伤性哀伤就另当别论。而抑郁症则是迁延不愈、反复发作，且常需用药物才能疗愈。

以上八个方面可以辅助判断到底是丧亲障碍，还是抑郁症。但即便只是丧亲障碍，如果持续很久都不缓解，还是可以考虑服用抗抑郁药以改善症状。

4. 抑郁症和多动症的鉴别诊断

多动症的专业全称叫做"注意缺陷和/或多动障碍"(ADHD)。

目前在国内，公众知晓抑郁症的概率明显高于多动症。其实，多动症的发病率并不亚于抑郁症。遗憾的是很多家长和老师对多动症并不了解，也就很难发现，造成很多漏诊的情况。

抑郁症和多动症有诸多相似之处，下面先了解相似之处，再了解不同之处。

相似点 1　注意力不集中

两者都可以有注意力不集中。抑郁症的注意力不集中跟情绪不好以及脑细胞受损有关，而多动症的注意力不集中是一种常态，是与大脑前额叶皮质发育不良有关，不一定跟情绪有关。

多动症的注意力不集中显得人灵光一些，抑郁症的注意力不集中显得人迟钝一些。

相似点 2　拖延

两者都可以有拖延问题。

抑郁症的拖延是因为动力不足、兴趣减低而拖拉，多动症的拖延是因为注意力不集中，本来想好要做事，可中途不断分心。

多动症的动力不是不足，而是太足了，以至于没有办法专注在一件事情上，而是会专注在很多不同事情上，甚至是多任务同时进行，或者当他正想要做一件事情的时候，被过多其他的事情所牵扯精力，以至于分心，不能够把一开始要做的事情先做好，因而造成拖延。

抑郁症在做决定的时候常常犹豫不决，内心纠结，而多动症在做决定时不会想太多，很快做决定，冲动做决定，造成后果之后，又很难从冲动的后果中吸取教训。

相似点 3　失眠

两者都可以有失眠，但表现形式不同。抑郁者失眠是因为大脑功能失调，失眠以早醒为主，也有睡眠过多的情况，但入睡不一定困难。多动者失眠是因为大脑过于兴奋，被各种各样的奇思妙想激发，无法安静，失眠以入睡难为主。

相似点 4　急躁而易有挫败感

两者都有急躁而易有挫败感的特点。抑郁者感觉："本来我就不想做这件事，做起来还这么难"，所以感觉急躁和挫败，且这种感觉深入自我价值看待的层面。而多动者的挫败更像是"我有那么多事情想做，怎么这一件事都做不好，还这么麻烦"，这种感觉一般仅限于事情层面，不上升到自我价值看待层面。

相似点 5　有才华

两者都可以有才华。笔者看到很多抑郁者和多动者擅长音乐、美术、写作等。

抑郁者除了先天遗传因素外，还因大脑神经系统敏感，感受力很强，对很多事物有敏锐的感受力，加以练习，就可以达到超出常人的水平；多动者很多都是先天有才华、有天赋的，但却无法后天加以训练。因此，抑郁者更能够应用和保持所具有的才华并做出一定的成绩，而多动者往往会三心二意，荒废才华。

虽然两者有诸多相似之处，但亦有明显的不同。除了上述在一些方面有相似点但有所不同之外，还有一些方面的表现是完全不同的。

不同点 1　情绪

抑郁者的情绪普遍比较低落，少有积极情绪。但多动者的情绪总体来说比较好，有兴致，有热情。

不同点 2　记忆力

抑郁者的记忆力会下降，特别是长年的抑郁者，因为海马体神经细胞受损，记忆力会明显下降。但多动者的记忆力无明显变化，甚至有一些多动症的孩子记忆力还比一般孩子好。但就算记忆力好加之聪明，在低年级学业任务难度不大时，不会造成明显困扰，但到了高年级，就会因为注意力不集中，学业显得越来越吃力。

不同点 3　动力

抑郁者的动力偏低，体力也偏低，而多动者的动力偏散，体力偏高。很多多动症的孩子就是有用不完的精力，以至于晚上都睡不着觉。所以，有些比较有经验的家长会给孩子在白天多安排几项体育运动，消耗掉过多的体力和精力之后，孩子晚上就比较好入睡。

不同点 4　纠结还是冲动

抑郁者经常有犹豫不决，选择困难。多动者不但不犹豫，而且是太快做决定，时常显得冲动。

不同点 5　兴趣

抑郁者逐渐失去一些兴趣，到最后就没有兴趣了。多动者的兴趣比较广泛，而且会不断去寻找新的兴趣点。

不同点 6　发病时间

抑郁症的发病时间多在青春期，男生多在 15 岁，女生多在 13 岁。多动症的发病时间其实更早，可能 6 岁以前就有比较典型的多动症状了。

了解了以上相似点和不同点，就可以帮助我们更好地鉴别抑郁症和多动症。

5. 抑郁症和双相情感障碍的鉴别诊断

双相情感障碍（简称“双相”）是指既有抑郁发作，又有躁狂或轻躁狂发作的一种心境障碍，俗称“躁郁症”。

抑郁和躁狂是情绪谱系的两端，分属两个极相。抑郁的发作是极低的一端，低兴趣、低情绪、低能量、低动力，什么都是低的。躁狂的发作是极高的一端，高情绪、高动力、高兴趣、高能量，什么都是高的。

很多人对躁狂有误解，认为躁狂就是发疯发狂，就是脱了衣服在大街上乱跑，或者出现非常狂烈、暴怒的情绪，或者像精神病一样地失去理智、失去逻辑、失去理性等。其实类似的理解对躁狂而言都不准确。

躁狂的典型症状到底是什么呢？

躁狂主要有两种状态，一种是“躁”，另一种是“狂”。

先说“躁”。“躁”是指暴躁，发脾气，控制不住地发大脾气，大喊大叫。“躁”也包括冲动，有时是冲动购物，花大价钱买东西，或花小价钱买很多不必要的东西；有时是冒险找刺激，平时不会做的刺激事或危险事，躁的时候就会很有冲动去尝试；有时是毁物伤人，在躁的推动下与人发生冲突，摔砸东西等。

躁狂中的“躁”是比较单一维度的表现，而“狂”则非常具有丰富性和多样性，且相比之下“狂”比“躁”更具有特征性临床意义。单纯通过“躁”的表现来判断双相是很有风险的，而是需要综合来看既有“躁”也有“狂”才行。

再说“狂”。“狂”可以从多个维度阐释。

维度 1：情绪高涨 “狂”是跟抑郁相反的一种情绪高涨状态。这种高涨并非一般认为的高涨，而是莫名其妙的高涨，没有缘由的或理由牵强的、不成比例的高涨，高涨得让自己很不像自己，让旁人觉得无厘头。

维度 2：思维奔逸 在情绪高涨的状态下，同时伴有思维奔逸。“思维奔逸”的意思是在大脑中同时出现很多很多想法，这些想法不断挤进头脑里，无法控制，好像不知道从哪里涌进来的，或者感觉像飞进来的，有一种奔逸感。

在这些想法中，有一些想法还真的是挺好、挺聪明，也挺出奇、挺妙的。

维度 3：语速很快 在头脑想法很多的情况下，加之语言组织能力好像突然增强了，就很想把想法一股脑说出来。可是想法太多了，嘴巴就要提速，语速变得很快很快，可是再怎么快都来不及说完，给人一种语言的压迫感。

不但语速快，头脑里的想法还会根据当时的情境不断转换，说完一件事情就说另外一件事情，说到一个人就想到另外一个人，在这种快速且不断转换的话题中，也不容许别人插话，或根本不顾别人怎么想、怎么说，只顾自己说。

维度 4：自我评价极高 正是因为拥有这些出奇的、意想不到的甚至很妙的想法，躁狂者的自我评价超高，觉得自己很了不起，觉得自己远超众人。

如果别人不理解他的想法，那是因为别人都太平庸，燕雀安知鸿鹄之志哉。

可当躁狂期结束后，回看自己这一段时间的表现时，多数躁狂者都会觉得，“我平时很害羞，当时怎么会那么狂”。

维度 5：冲动行为 伴随着自我评价以及情绪过高和想法过多，躁狂者在行动、行为上就会有冲动倾向，想做各种各样的事情，且不是小事，而是大事，是大得不得了的事，而且对这些大事还很有信心、很有把握，但实际证明其实是冲动鲁莽行为。

这些大事包括一天读一本书，一周写一本书，一个月学一门语言，甚至觉得自己可以开一家公司，做老板去创业，而且觉得这些事都是非常轻松容易的、非常可行的，自己一定会成功，且会显功名于世。

这种冲动行为如果以躁的形式体现就是吵架、打架、毁物、伤人。

维度 6：体力极好 躁狂者好像有强劲的体力，有用不完的力气。在一天繁忙的工作或做事之后，到了晚上仍然感觉身体里有没有消耗完的体力，不用不爽，于是就会外出，到处走，到处跑。

如果不能外出，比如在病房里，躁狂者就会在走廊里来来回回跑步，其他患者都已经睡觉了，躁狂者却在奋力跑步，因为他体力太多了。

维度 7：睡眠减少 躁狂者头脑里不停想很多事，又不停地尝试做新事情，他很自然觉得自己不需要睡眠，每个晚上就睡两三个小时或三四个小时，甚至根本就不睡，觉得睡觉就是浪费时间，不睡觉仍然觉得非常亢奋，可以连续几天不怎么睡觉。

维度 8：脾气暴躁　睡眠减少以后，兴奋就容易变成激惹，就容易发脾气。本来躁就是容易发脾气，加之睡眠不足，就更容易发脾气，一言不合就开始吵架、打架。

维度 9：性欲亢进　躁狂者的性欲也会有亢进表现。性欲高到一个程度无法自控，可能会与陌生人发生不负责任的性行为。

在酒吧喝酒喝醉之后，行为就更加不受控，甚至打架、吸毒、飙车和酒驾。做这些事的时候，躁狂者完全无法意识到责任和后果。

维度 10：精神症状　有些躁狂者还可能出现精神症状，比如幻觉、妄想。躁狂者觉得自己超级厉害，像天才一样，会招来记者或粉丝跟踪他、给他拍照、想跟他接触、找他签名等，觉得到哪里都会有人在注意他、关注他、欢迎他，甚至和他完全不相关的人和事都可以被解读为和他有关。

还有些躁狂者会妄想自己是天才、明星、作家，或是某个专业领域的重要人物，因此会受到国家领导人的关注，受到大众的追捧等。

一旦到了有精神症状的程度，就体现出双相的病理性和严重程度，一定要及时服药控制。

以上所描述的十点均是躁狂常见的典型症状。

这些症状跟患者平时的状态很不一样，所以在评估躁狂的时候需要有一个基线评估。基线评估是指患者平时的基本状态如何，这样在比较当下症状时，才知道这个症状超出了基线水平多少，对于判定异常程度很有帮助。这个基线评估需要由患者家属或/和患者很熟悉的家人或朋友来提供，或者在患者躁狂期过后，由本人来提供。

躁狂的状态会对躁狂者构成非常大的困扰和麻烦，甚至让他失去正常的工作能力、功能状态，以至于可能会丢掉工作，惹上刑事的麻烦。

双相的诊断中除了“躁狂”，还有“轻躁狂”，只差一个“轻”字，却相差很多。

从哪些方面来区分躁狂和轻躁狂呢？可以从以下三方面来区分。

区分点1：症状严重程度 躁狂与轻躁狂的区分可以通过症状的严重程度来判断。看发作时的症状和基线的症状相差有多大来判断严重程度。这是一个很难量化的评估，如果没有量表、没有分数的话，一般是通过精神科医生的临床经验和主观判断来看严重程度。

显然，躁狂更严重，且有精神症状的可能；轻躁狂没那么严重，也没有精神症状。

区分点2：功能影响程度 躁狂与轻躁狂的区分还可以通过症状对患者正常生活的影响程度来判断。症状表现有没有影响到躁狂者的正常工作，还能不能专心地在自己的工作岗位上做好自己的本分，还是没有办法专心，没有办法安分守己地做事情，一定要去做一点出格的事情来。

躁狂对生活影响严重；轻躁狂影响小或没有影响，甚至有时候有积极正面的影响。

区分点3：症状数目和持续时间 躁狂与轻躁狂的区分还可以通过症状数目和持续时间长度来判断。典型的躁狂发作需要满足至少三项以上症状，持续一周以上，而轻躁狂需要持续四天以上就可以判断。

以上描述了躁狂和轻躁狂的症状特点，希望通过这样的描述和介绍，能够让大家对躁狂有一个基本的印象，至少对于之前的一些误解能够有一些澄清。

基于以上对躁狂和轻躁狂的理解，接下来看看精神科医生如何判断患者是单相抑郁症还是双相障碍。

很多人已经被确诊是抑郁症以后，很担心自己是不是也有躁狂症。这时就要请精神科医生进行评估，看过往有没有过躁狂或轻躁狂的发作史。通过评估来看，如果确定有过躁狂发作史，按照上述的评判标准，就可以认定有双相。

但有时评估下来，发现躁狂或轻躁狂症状不典型，要么是症状数目不够或严重程度不够，要么持续时间不长，不到一周或不到四天，要么对生活影响不大，这时精神科医生一方面可以诊断为未定型双相障碍，另一方面也需要持续观察、跟踪评估，看这些躁狂症状是否会发展加重，变得更加典型。

抑郁者之前确定没有过躁狂或轻躁狂发作，也不代表以后就不会发展成双相，因为躁狂或轻躁狂症状有时会迟发。迟发就是在抑郁很多年之后才发作典型的躁狂或轻躁狂，因此双相诊断需要跟踪评估。

在全世界范围内，双相的诊断需要的时间大概在3—5年。为何需要如此长的时间？就是因为双相的症状要完全表现出来需要有病症发展历程。因此，在精神科门诊，如果医生只和你简单交流几分钟、十几分钟就断定是双相，那么有理由怀疑这个诊断，不管这位医生的临床经验多么丰富，这样快速诊断双相都值得被质疑，特别是针对青少年。

精神科医生可以说："根据目前症状表现，怀疑有双相的可能""但因为目前孩子年龄还小，病症发展历程不足，还需要跟踪随访一段时间再看""因为双相诊断心理负担重，我们会比较谨慎地看待这个诊断，需要更多时间收集信息，观察病情，再做判断"。

从伦理角度来说，精神科医生是否可以直接告诉未成年人诊断？

不管是否有家长在旁边，直接告知未成年人精神诊断都是不合适的，因为不知道这种诊断会对孩子的心理造成怎样的负面影响，甚至在未经家长同意时，直接和未成年患者讨论药物的使用的做法都有待商榷。最好是请孩子回避一下，先和家长沟通诊断和治疗方案，双方达成一些共识之后，再看要不要在共识基础上，医生和家长共同向孩子传递这些病症信息。

关于抑郁症和双相，大家可能有很多疑问，我们先在这里解答一下共性疑问，然后在本章最后的闪问闪答中再解答更多疑问。

疑问1：有哪些因素会促发躁狂发作呢？这些因素可以防范吗？

首先，双相一般有遗传因素参与，这种遗传倾向要比单相抑郁症的遗传倾向强很多，意思是如果父辈或者家族三代以内直系亲属有双相的话，那么后代受到双相的遗传影响比抑郁症还大。其次是用药的影响。有些抗抑郁药在较高剂量时有诱发躁狂的倾向，比如说文拉法辛、帕罗西汀等。在目前的一线抗抑郁药中，诱发躁狂风险较低的是草酸艾思西酞普兰和安非他酮。再次是一些生理因素，如甲状腺功能亢进，也会造成类似躁狂的症状表现。

从以上影响因素来看，预防较难，更可行的是及时发现、及时治疗，免得加重。

疑问2：抑郁症和双相哪种更严重呢？

不管是单相抑郁还是双相障碍，都有不同的严重程度。如果从纯病理角度来看，笔者个人认为双相者在神经化学层面和神经生物学层面的变化更明显，造成的后果更严重。从病症归类角度来看，几乎全世界公认，双相是重性精神障碍，但几乎没有谁会认为抑郁症是重性精神障碍。

疑问3：抑郁者有多少机会发展成为双相呢？

关于这个问题，目前研究数据并没有一致性的结论，且在不同年龄段的人群中也有差异。从一些已有研究数据和笔者个人临床经验来看，有30%左右的抑郁者会发展成双相，尤其是有家族遗传史的抑郁者，更加需要小心。

疑问4：很多青少年被诊断双相，到底是不是双相呢？

根据笔者个人临床经验和多年观察，很多被诊断双相的青少年都不是双相。但也必须指出，如果是双相，却按照抑郁症来治疗，也会造成严重后果。

综合来看，对青少年的评估和诊断，需要精神科医生加倍谨慎。

那么到底是青少年的哪些表现让精神科医生会误认为是双相呢？主要集中在激惹或激越症状上。抑郁症的激越症状会被误认为是躁狂的易激惹症状。现将两者的区别简述如下。

区别点1：情绪属性　青少年抑郁者的激越表现背后，更多是痛苦情绪，是因为太长时间不被理解的痛苦，是痛苦情绪累积到临界点的爆发。躁狂的易激惹表现背后，更多是愤怒情绪，这种愤怒多半与事件情境的程度不相符，有过激嫌疑。

区别点2：可控性　青少年抑郁者的激越症状相对具有可控性，造成的后果相对不严重。躁狂的易激惹症状可以失控得很厉害，造成的后果也更严重。

区别点3：事后反应　青少年抑郁者的激越表现之后，一般会有后悔自责感，能够用理性听进去劝诫，并表示下次不再这样做。躁狂的易激惹表现之后，后悔自责感不明显，也不一定能够用理性听进去劝诫，而且下次还会这样做。

区别点4：发作频率　青少年抑郁者的激越表现发作频率相对较低，并非核心症状。躁狂的易激惹表现时常发生，具有核心症状特征。

了解了抑郁症的激越和躁狂的易激惹之间的区别之后，就可以大概区分青少年目前更多是抑郁症还是双相。

即便青少年表现出来易激惹的状态，也未必是双相。

为了区分青少年以易激惹为主要表现但也不是双相的情况，2013 年发布的美国标准第五版里提供了一个新的诊断名称，叫做“破坏性心境失调障碍”，是指 6—18 岁年龄段的孩子以脾气暴躁，行为、言语冲动为主要表现，持续时间至少要一年，并且这种表现每周可能有三次以上的发作，在一年当中缓解期不超过三个月。

笔者猜想，这一诊断是基于美国精神病学专家跟踪观察多年发现，青少年的这类易激惹反应从遗传角度、病理角度、脑神经结构激活方式角度和预后角度都跟典型的双相不同。因此，为了避免过度诊断和过度治疗，精神病学专家用这样一个新的诊断来界定这种行为也属于一种抑郁障碍。

6. 抑郁症和创伤综合征的鉴别诊断

创伤综合征的概念和在各大诊断标准里已经建立的创伤相关诊断（如创伤后应激障碍、复杂型创伤后应激障碍等）有明显不同。这种创伤综合征和国人近些年承受的社会压力有关，更像是压力型创伤，而非通常所说的重大创伤事件造成的创伤。

创伤效应的发生需要至少两个要素，一个是创伤事件，另一个是受伤者的心理承受力水平。如果创伤事件足够强烈，受伤者的心理承受力相对不足，就会发生创伤效应；如果创伤事件很强烈，但受伤者的心理承受力很强，那么也不会发生创伤效应；如果创伤事件没那么强烈，但受伤者的心理承受力足够弱，那么也会发生创伤效应。

如果是这样，即便没有发生前述所说的重大创伤事件，即便只是学习压力、一次考试成绩失利、人际关系压力、同学有意无意的忽略、老师在全班同学面前的批评、父亲一次严重的责骂，或紧紧是家庭经济条件无法满足自己的需要，这些都可以成为创伤事件，造成创伤效应，对青少年来说尤为如此。

青少年所在的“青春期”可谓是人生很特殊的生命阶段。

在此阶段，身体激素水平陡升，身高、体重、容貌、第二性征等都在发生急剧变化。同时，大脑的发育发展使得青少年也在此阶段开始思考抽象深刻的问题，比如“我是谁？”“我是什么样的人？”“我要做什么样的人？”“别人如何看待我？”。

不管是身体发育带来的变化，还是心理发展带来的变化，都会让青少年来不及理解，也无从理解和应对这些变化，一时间措手不及。在这些变化的过程中，青少年处在一个很脆弱的状态，内在的身体和心理双重冲击就已经让他们压力很大了，如果外在再经受其他压力就很容易被压垮。

可偏偏在这个时期，青少年要经受强大的学习压力、朋辈竞争和其他人际关系的压力，父母关系紧张甚至婚姻变故带来的压力，从小带自己长大的老一辈人生病甚至离世等压力。这些里应外合的压力联合起来造成强烈的共振效应，压得青少年喘不过气来，感到焦虑、不安、迷茫、困惑、沮丧、消沉，甚至时不时感到无助、挫败、无力乃至孤独、无望。

青少年在承受着巨大压力的同时，他们看起来外在是有功能的，还是可以睡眠饮食，好像还是可以上学，可以交流。但随着时间的流逝，压力可能会累积到某个点，以至于他们可能会因一个成年人看来微不足道的事件而崩溃，他们就被击垮了，以至于丧失正常的功能。

当我们试图定义青少年创伤综合征时，需要关注以下三大特点。

特点 1：持续不断的压力 青少年在承受着持续不断的压力，这一事实在日复一日的日常中已经被淹没了。这些日常事件或许来自家庭，或许来自学校，一次又一次地重复发生，给孩子带来持续不断的压力影响，但孩子不知道该如何应对，在不知不觉中已经受伤。

如果父母不太懂得如何和孩子沟通，常常勉强甚至逼迫青少年做很多非自愿的事情，不管是补习班，还是兴趣班，都要用逼迫的方式威吓说“如果不去就会落后，你将无法上中国最顶尖的大学”“我一年花几十万给你上最好的中学就是为了让你上最好的大学”。这种“唯分数论英雄，唯成绩论人生”的教育方式让孩子觉得“如果我学习不好，我的人生就毁了”。

特点 2：持续压力下的稻草 青少年可能经历过、也可能没有经历过典型的创伤事件，或许只是在经历一种持续的压力，他们无法应对和处理这种压力。这时，一件在大人看来微不足道的事都可能击垮他们。比如，当着全班同学的面受到老师的斥责，一门功课考试不及格，在课堂上犯错，被同学忽视或者孤立，被父母误解或责打等。上述这些情况可能只发生了一次，就会使他们崩溃。

请注意，千万不要误解说“受伤就是因为孩子心理承受力太弱了”，这种说法既没有完整理解孩子的心理图景，又对解决问题毫无帮助，甚至会适得其反。受伤的孩子最需要的不是指责，而是赋能。

特点 3：受伤后的失能感 被最后一根稻草的压垮后，孩子无法继续上学，只能待在家里。或许还可以玩玩游戏、可以正常吃喝睡，或许还可以在偶尔的家庭聚餐或外出时感受到一些快乐。但随着时间的推移，他们始终无法真正释怀自己作为学生尚未完成学业这个事实，总觉得同龄人都在上学，可自己却待在家里，好像哪里不对劲一样。而这种没有履行责任的状态慢慢就会生发一种“失能感”。

这种“失能感”就是青少年创伤综合征的核心症状。

长期的失能感会让人越来越觉得自己做不到，他们常有的内心独白是“我不行”“我不能”“我做不到”，甚至是“我是个废物”“我一无是处”。

正是这种自我看待使他们的各种功能渐进受损，他们不能再回学校上学，不能再走出家门去外面做事情或与人互动，他们不愿意再与任何人交流，只能待在自己的房间把自己封闭起来，躲在自己房间玩电子游戏、刷手机。他们一边想着“就让我这样废下去吧”，另一边又想着“我何时能够走出家门回到学校呢”。

这种创伤综合征可以在青春期迁延至成年阶段，持续体现出失能感，无法履行社会功能，甚至到了 20 岁、30 岁，都还无法走出失能感的困境。所以，创伤综合征的概念已经不仅限于青少年，在 30 岁以下人群中大量存在。

基于以上对新型创伤综合征的描述，我们来梳理抑郁症和创伤综合征的主要鉴别点。

鉴别点 1　情绪

抑郁者的情绪普遍低落，几乎没有什么事情可以调动积极情绪。创伤者在不触碰创伤事件、创伤场景或与创伤有关的任何因素时，情绪状态平稳甚至可以感到愉悦。

鉴别点 2　兴趣

抑郁者的兴趣明显减退甚至消失，就连平时很喜欢的事物都可以丧失兴趣。创伤者在不触碰创伤事件、创伤场景或与创伤有关的任何因素时，仍然可以享受很多兴趣爱好、吃喝玩乐。

鉴别点3　睡眠

抑郁者常有睡眠问题，有入睡困难和早醒等特点。创伤者在不触碰创伤事件、创伤场景或与创伤有关的任何因素时，仍然可以享受好的睡眠，不太受影响。

鉴别点4　饮食

抑郁者常有食欲不佳，就算之前是个吃货，现在对任何食物都不感兴趣。创伤者在不触碰创伤事件、创伤场景或与创伤有关的任何因素时，食欲基本不受影响。

鉴别点5　社会功能

抑郁者可以勉强保持基本功能状态，但好似机械运转一样，毫无生气，也可能无法保持功能状态，无法上学，无法上班。创伤者只是在和创伤事件有关的场景下无法行使功能，在其他场景下，功能可以不受影响。

鉴别点6　神经机制

抑郁者在病情严重时，大脑有明显的神经化学变化，特定神经递质浓度明显异常，因此药物治疗有效。创伤者未必有神经化学层面的变化，只是在涉及创伤场景时，才会有急性焦虑发作的表现。因此，针对失能感的药物治疗几乎无效。

鉴别点7　躯体症状

抑郁者可以在常态下出现各种躯体症状，如肌肉疼痛、腹痛、腹泻，胃肠道不适感等。创伤者只有在涉及创伤场景时，才会出现相应的躯体症状。比如，因创伤休学的孩子，家长一提返校复学，孩子就开始出现各种身体不适感。

鉴别点8　自杀模式

抑郁者病情严重时，常有自杀想法，甚至有自杀行为。创伤者只有在涉及创伤场景时，才会有自杀冲动。比如，因创伤休学的孩子,家长强逼孩子复学时,孩子可能会出现自残行为或自杀冲动。

7. 抑郁症和人格障碍的鉴别诊断

人格障碍是指明显偏离文化背景的一种内心体验或行为的持久模式。

文化背景对于判断一种行为是否正常非常重要。同一种行为在美国文化里和在中国文化里,大家的理解是不一样的。比如,文身现象,可能在美国青少年中很普遍,但在中国却很少,大部分中国孩子是不文身的。中国小孩子要文身,或打舌钉、打唇钉等,家长一般无法接受,因为文身在我们的文化背景下属于偏离正常的行为。但在美国,家长对这些行为的接受度会相对高些。

过去,大家普遍认为"人格障碍"要到 18 岁后才能诊断,因为 18 岁以前,人格尚未定型。但有些孩子尚未成年就表现出典型的性格或人格问题,主要包括情绪极度不稳或情绪骤变、偏执、过度敏感、极度自我中心、人际关系极不稳定和反复自残自杀等表现。

2013 年,最新版本的美国标准(DSM－5)对人格障碍的诊断标准进行了修订。专家组经广泛研究认为,人格问题不仅仅存在于成年人中,而是在青春期就已经开始有明显迹象。如果在十四五岁甚至更小时,已经表现出明显的人格问题是可以诊断的,因为最新的诊断标准已经把 18 岁的年龄限制取消了。边缘型人格障碍、偏执型人格障碍、自恋型人格障碍等都可以在 18 岁之前诊断,只要有稳定的行为特点、人格特点持续时间满 1 年就可以诊断,只有反社会型人格障碍还是要到 18 岁之后才能诊断。

在诸多人格障碍类型中,边缘型人格障碍与抑郁症有最多的相似之处,需要做鉴别。

鉴别点 1　情绪状态

从情绪状态角度来说，抑郁症的情绪一般是持续低落，可能有怒气、抱怨，但很少有歇斯底里的情绪发作，即便有，也只是在某个压抑太久的时刻爆发一下，而不是动不动就爆发。人格问题的情绪不是持续低落，而是忽上忽下，变化很快，反复无常，有“一秒天堂，一秒地狱”之称，一个很小的刺激就可以引发很大的反应，甚至歇斯底里、大哭大闹、大打出手、摔砸东西等，并且这种反应和发作并非偶尔为之，而是频繁出现，成为一种情绪模式。

鉴别点 2　人际关系

从人际关系角度来说，抑郁症可以有人际障碍，多表现为自我隔离或若即若离，但不会时亲时疏，突然断交。抑郁者的人际交往常常是比较固定的模式，要么跟谁都不交往，要么跟非常熟悉的几个人交往，跟其他大部分人都不交往。人格障碍者的人际关系模式非常不稳定，可能一下子跟一个新认识的人非常亲近，好像终于找到了人生挚友、灵魂伴侣；可过不了几天，发现这个人已经不再是人生挚友，而是一无是处、坏到极点的人渣，然后突然断交、拉黑、删除，再过几天可能又后悔了，再去跟人和好。

鉴别点 3　行为冲动

从行为冲动性角度来说，抑郁者多有犹豫不决，少有冲动行为。这种犹豫不决，既有动力不足的因素，又有思维功能受损的原因，还有可能是对自己不够自信，不敢做出决定，怕出错。人格障碍者可以很冲动，不假思索就行动，往往造成严重后果。即便造成严重后果，也很难从经验中吸取教训，下次恐怕还会这样做，反反复复。

鉴别点 4　自我身份感

抑郁者知道我是谁，只是坚定地觉得“我不好”“我太丑”“我太差”“我太烂”。人格障碍者有时觉得“我不好”，有时却觉得“我挺好”，甚至觉得“我真好”；有时觉得“我不行”，有时却觉得“我挺行”，甚至觉得“谁说我不行，谁说我不行我跟他拼命”；有时觉得“我真丑”，有时却觉得“我真美”，甚至想“我要做世界上最美的女人”。

正是因为对自己的看法总是在漂移（shifting），人格障碍者的感觉就变成不知道“我是谁”“我到底是谁”“我到底是怎样的人”“我的人生目标是什么”“我的动力来源在哪里”“我的喜恶偏好是什么”，这些他都不知道，因为自我身份感总在漂移中。

鉴别点 5　起病时间

抑郁症有比较明显的发病起点，比如说女生 13 岁和男生 15 岁是抑郁症最常见的发病年龄，可能是因为女生在十二三岁时经历小升初的适应过程，也可能是因为月经初潮来临的关键时期带来心理困扰，以及其他这个年龄刚好赶上的刺激因素，而男生的心智发展过程会比女生晚 2 年左右。对于人格障碍者来说，起病可能更隐匿，是循序渐进、逐渐演变的，而并没有一个突然发病的时间点。

本章闪问闪答

1. 问：谁可以判断抑郁症？

答：在中国，一般由精神科医生做诊断。对于心理治疗师是否可以做诊断的问题有待商榷。在美国，除了精神科医生以外，心理医生也可以诊断抑郁症。在中国目前还没有建立起来心理医生的培养体系。

2. 问：是否建议家长学习判断抑郁症，帮助自己的孩子？

答：家长学习判断抑郁症有很大的风险。诊断需要对症状有专业理解，而不是根据字面意思理解，有误诊误判的风险。心理咨询师也一样，即便有相应的学习，也没有诊断的资质。大家都可以学习和了解抑郁症，但不要自行判断，一旦误判，后果会很严重。

3. 问：误判抑郁症有什么风险？

答：误判的风险就是治疗方法选择错误，造成人力、物力、财力、精力和心力的白白消耗，造成抑郁者对治疗的不良感受甚至是阴影，以至于不愿意再接受治疗。

4. 问：精神科医生会不会有误判抑郁症的情况，如何防范误判？

答：不得不说，在当前某些医院的诊疗评估体系体制下，误判是不可避免的。想要防范误判，就需要寻求不同体制下的不同精神科医生提供不同诊断意见，综合权衡来看，才能尽可能避免误判。

5. 问：如果被误判了，有什么办法补救，怎么补救？

答：误判的补救方法就是寻求不同医生的评估诊断，按照新的正确诊断制定新的治疗方法，重新治疗。

6. 问：诊断为双相之后还会重新转回到抑郁症吗？

答：有可能。如果在最初诊断双相时，误判了一些本来不是躁狂或轻躁狂的症状，后来跟踪观察发现并非双相，就可以修改诊断。因此需要定期的、规律性的复查复诊，也需要寻求不同医生的意见。

7. 问：什么是漏诊，如何防范漏诊，如何补救漏诊？

答：漏诊是指患者本来有这个情况，但没有被医生识别出来，造成无法针对这个诊断进行针对性治疗。补救漏诊的方法就是寻求对此诊断有专业背景和经验的医生重新评估诊断。

8. 问：误诊和漏诊哪个后果更严重？

答：不一定。误诊的错误治疗方法可以造成严重后果，漏诊会造成治疗方法不对或延误治疗时机，也会造成严重后果。

9. 问：诊断抑郁症时，用三大标准中的哪个标准合适？

答：三大标准大同小异，根据任何一个标准认为有抑郁症，都可以成立。笔者个人倾向于美国标准。

10. 问：青少年抑郁症有何不同特点？

答：青少年抑郁症的特点就是症状不典型，可以有抑郁症的常见症状，也可以没有，还可以有其他不属于抑郁症的症状。这种症状多样性既造成了很高的共病率，也造成了青少年的抑郁症比较难识别，容易造成误诊和漏诊。所以，对于青少年来说，一旦出现精神心理问题，不要依据一位精神科医生的判断就下断言，说一定是这样或一定是那样，多见几位医生，听听不同意见，总有益处。

第七章

抑郁症 如何治得好

抑郁症如何治得好

前面章节讲述了抑郁症是什么病、有哪些症状表现和影响因素、如何从心理机制和病理机制去理解抑郁者的内心和大脑以及抑郁症如何判断，本章将阐述抑郁症如何治疗。

冲过前面的种种艰难险阻，终于明白自己的诸多症状原来是得了抑郁症，澄清了对自己各种状况的误解，了解了有哪些因素促成了现状，也从心理机制和病理机制对现状有了更深的理解，本以为就可以顺理成章地治疗，然后水到渠成地疗愈和康复，没承想抑郁症的治疗却是如此复杂，到底怎么治才合适，众说纷纭。

希望通过本章的阐述，让抑郁者对如何找到适合自己的治疗方法能有基本的认识。

为了彻底理解抑郁症如何治得好，本章会从以下几方面阐释：

- 抑郁症的疗愈标准是什么
- 抑郁症有哪些治疗方法，这些方法针对哪些症状，可达成怎样的治疗效果
- 这些治疗方法的优势和劣势分别是什么
- 这些治疗方法是否可以联动协同，如何联动协同
- 抑郁症的治疗形式有哪些，这些不同治疗形式适用于哪些情况
- 如何判断哪种治疗方法或哪种治疗形式适合自己

一、抑郁症的疗愈标准是什么

在寻求适合自己的治疗方法之前，首先需要弄清楚一件事，就是抑郁症到底怎样算是治好了。

每当有人问："我的抑郁症什么时候能好啊""我的抑郁症到底能不能好啊""我都吃药 3 天了，为啥不见效呢""我都服药 1 年了，可以停药吗""我这就算好了吗，我感觉还没好""到底怎么样算是好了呢，可以把抑郁症的帽子拿掉了呢"，笔者都会觉得想要回答清楚这些问题，恐怕要开个讲座才行，因为这些问题涉及的基本概念很多，如果不一一澄清，就无法准确回答这些问题。

接下来，笔者尝试用通俗易懂的语言把抑郁症疗愈这件事尽量说清楚。

抑郁症的疗愈从外在症状和功能表现来说，就是不再出现持续性的、具有功能破坏性的心境低落，其他症状如失眠或嗜睡、食欲不佳、思维迟缓、注意力和记忆力下降、脑力不济、体力和动力不足、自杀念头等基本消失，能正常进行工作、学习和社交活动等。如果能达到以上标准，并保持一段时间（一般是三个月以上），在临床上就认为是临床治愈了。

虽然从外在症状和功能表现上已经疗愈，但内在的心理逻辑和大脑的神经机制是否已改变并不确定。如果内在不改变，恐怕下次再遇到外在刺激事件，还会复发。

举例来说，手枪有扳机，在枪内有子弹的情况下，看上去好像是只要扣动扳机，就会有子弹发射出去。如果把扳机比作生活中的刺激事件，把子弹发射出去比作抑郁症发作，那么是不是每次扣动扳机，即受到生活事件刺激，子弹都会发射出去，即都会出现抑郁症发病？如果是，那意味着抑郁症的复发可能性很大。

如何让手枪在扣动扳机时，子弹不发射出去？就是要打破手枪内的发射机制。

对抑郁者来说，就是要打破大脑里的神经机制和内心的心理逻辑，重建一个新的机制，改变认知模式、情绪模式和行为模式，改变生活方式和价值观体系，让下次出现生活事件刺激时，不发作抑郁症，这才是根本性的治愈。这部分的疗愈概念已经和康复观念有了重叠之处。

由此可见，抑郁症有不同层面的疗愈。想要疗愈，需要先想清楚，此时此刻要的是哪个层面的疗愈。

二、抑郁症有哪些治疗方法，这些方法针对哪些症状，可达成怎样的治疗效果

要想知道哪些治疗方法适合自己，需要先知道针对抑郁症到底有哪些治疗方法，并且这些治疗方法是针对抑郁症的哪些症状，可以达到怎样的治疗效果。

当今，在全世界范围内，抑郁症的治疗方法主要包括药物治疗、心理治疗、工娱治疗、物理治疗和自助治疗（自助治疗将在第九章详述），每种治疗方法还有细分的类别，我们来一一阐述。

1. 药物治疗

药物治疗是大家最熟悉的治疗方式。它是根据目前抑郁症脑神经机制主流理论，通过改变脑部神经化学状态，即和抑郁症相关的主要脑神经递质浓度，包括血清素（5-羟色胺）、去甲肾上腺素和

多巴胺等，进而改善抑郁症的症状（为了避嫌，本章关于药物部分只使用药物化学名，不使用药物商品名）。

(1) 抗抑郁药物种类

抗抑郁药物的发展已经有几十年的历史。在过去，三大类药物承担了重要的历史角色，分别是单胺氧化酶抑制剂、三环类和四环类抗抑郁药。这三类药物年代较早，不良反应较多，现已渐渐退出前线阵营，不再是抗抑郁药的首选。

目前处在前线阵营的新药主要包括两大类：选择性血清素再摄取抑制剂、血清素和去甲肾上腺素再摄取抑制剂。

选择性血清素再摄取抑制剂（SSRI）是最常用的药物，包括氟西汀、帕罗西汀、舍曲林、氟伏沙明、西酞普兰或草酸艾司西酞普兰，俗称“五朵金花”。

血清素和去甲肾上腺素再摄取抑制剂（SNRI）也是常用药物，又称为双通道药物，代表药物有度洛西汀和文拉法辛。

另外，曲唑酮、米氮平、安非他酮等药物作为常用选项也有其各自的优势，比如曲唑酮有改善睡眠的功效，米氮平有改善睡眠和饮食的功效，安非他酮有不增加体重也不影响性欲的特色，都让它们还在抗抑郁的舞台上活跃着。还有一些新药（为了避嫌，这里不列举具体药名）也在以强劲的优势进入抗抑郁药物市场。除此之外，抗精神病药（如奥氮平、喹硫平、阿立哌唑等）和锂盐也会被用来加强抗抑郁的效果。

(2) 药物针对症状及疗效

① 情绪和兴趣

情绪有稳定性维度和属性维度。稳定性主要是指发脾气、爆发性情绪和情绪化问题。属性是指情绪更多是积极还是消极，积极情绪包括愉悦感、快乐、热情等，消极情绪包括低落、沮丧、挫败、失望等。几乎所有抗抑郁药都可以减少消极情绪，提升情绪状态；锂盐可以更好地稳定情绪，让那些爆发式情绪降下来。

② 睡眠和饮食

有些抗抑郁药物专门改善睡眠和饮食，比如米氮平、曲唑酮等，两者对入睡困难和保持睡眠困难都有帮助。其中，曲唑酮增加体重的副作用要小于米氮平，但醒来后头痛的副作用要比米氮平大些。

③ 体力和动力

体力主要是指身体上的力量感，而动力主要是指想做事情的心理驱动力，有躯体因素影响，也有心理因素影响。双通道药物，如度洛西汀和文拉法辛，可以通过提升去甲肾上腺素水平改善体力和动力。

④ 注意力、记忆力和脑力

药物可以改善注意力和记忆力。双通道药物文拉法辛的剂量达到 225 mg，患者就会觉得注意力和记忆力明显改善。还有患者能感受到安非他酮对注意力的帮助，但改善注意力并非安非他酮的官方正式药效之一。脑力是指包括注意力、记忆力、逻辑思维能力、语言组织和表达的综合能力。抗抑郁药物对这些能力都有改善作用。

⑤ 自杀想法

碳酸锂是目前针对自杀想法最有效的急性治疗药物。SSRI 和 SNRI 类药物在长程服用(36 个月以上)中体现出减少自杀想法、降低自杀风险的有效性。正是因为不同药物针对的症状不同，精神科医生在评估抑郁者的症状时，需要仔细分辨抑郁者的症状特点，找到最对症的药物，而不是按照通用经验，一律使用同样的药物。

(3) 药物使用原则

了解了药物的功效，接下来说说针对抑郁症的药物使用原则。

① 是否要用药物治疗

到底什么样的抑郁症需要药物治疗。在临床指南中，有建议称轻度抑郁症可服药可不服药，中度及以上的抑郁症建议服药。这是一个基本原则，但在临床实际操作中，精神科医生是否建议患者服药还需要考虑以下诸多因素。

症状特点： 首先要看症状的严重程度。有些抑郁者的主要症状表现是体力和动力极低，甚至起不了床，做不了事情，工作不了，严重影响社会功能；有些抑郁者的主要特点是思路比较乱，一件事情会翻来覆去不停地想，而且会专门关注事情的消极面，没有办法自拔，虽然身体能动，但是脑子里面一团乱；有些抑郁者的症状特点是专注力很难集中，专注力不集中也会导致学习成绩下降；还有一些抑郁者的症状特点是社交焦虑，在人群中特别在意别人对自己的看法，非常没有自信，别人对自己讲一句话，就会翻来覆去地想这句话是什么意思，会不会是对自己有一些意见，会不会是看不起自己等等。如果这些症状严重影响基本功能，就建议尽快服药改善症状。

主观感受： 有些抑郁者的症状程度还没那么严重，但其主要症状是被主观看重的，比如注意力不集中影响学习，社交焦虑影响社交，睡眠不好影响生活质量等，那可尽快服药。

躯体症状： 有些抑郁者会有头昏、乏力、肌肉疼痛等特点，会有睡眠、饮食、体力等问题。这些问题明显影响基本功能，可以考虑尽快用药。

患者年龄： 对于未成年人来说，我们会非常谨慎地使用抗抑郁药。除非抑郁的严重程度非常重，用药所带来的积极效果已经远远超过所带来的负面影响，才会考虑给未成年人用药。如果是老年人，我们就特别需要考虑他的基础身体状况，再考虑用药是否会加重身体基础疾病，慎重择药。

器官功能：有些老年患者肝肾功能不好，药物经过肝肾代谢，会对肝肾功能有一些影响；有些老年患者心脏不好，血压、血糖高，有些药物会影响心脏功能和血压、血糖，要慎重使用。

耐受性和安全性：耐受性是指对药物副作用的适应程度。如果已经开始用药一到两周，抑郁者对药物可能有的副作用可以承受，衡量一下药物带来的积极疗效和副作用哪一个更强。评估下来，如果说疗效还好，副作用不是特别强烈，我们会考虑继续用药；安全性方面的考虑，包括一些药物之间的相互作用、一些药物给心脏带来的毒性，包括已经有肝肾功能基础疾病的状况，药物可能会加重肝肾功能恶化的情况。还有一些辅助用药，比如说锂盐，安全窗较小，比较容易中毒，那么血液浓度的检查也是一个安全方面的考虑。

经济考量：现在抗抑郁药根据不同的种类，价格不等。一般来说，一个月的药费大概是在几百元到一两千元之间。有一些家庭经济状况不是特别好，药物经济负担比较重，可能会考虑倾向于不用药，或者使用价格较便宜的老药。

综合以上因素考量，对药物会有这样几个不同的建议，分别是：不建议服药；可服药可不服药；临床建议服药；临床强烈建议服药。

不建议服药：对于根本没有抑郁症或达不到抑郁症诊断标准的情况，不建议服药。有些人觉得自己情绪不太好，想通过服药让心情好些，但是评估下来还达不到抑郁症的诊断标准，临床上是不建议服药的。

可服药可不服药：对于已经达到抑郁诊断标准，但目前处于轻度的情况，建议可以服药也可以不服药。临床研究发现，在轻度抑郁症患者当中，药物治疗的疗效跟非药物治疗的疗效是相仿的。也就是说不服药，通过心理治疗，轻度抑郁症也能达到比较好的治疗效果。当然，这里也需要衡量前述诸多因素，综合考量。

这里特别提到一种情况，就是严重程度已经达到中度以上的抑郁者，出于任何原因不想服药，精神科医生应当如何建议？一般来说，笔者会比较看重抑郁者是否有强运动习惯、是否有好的心理治疗师、是否可以脱离当前压力大的环境等几个因素，如果具备以上三个因素，可以给不服药的时间窗，如一到三个月，尝试一下，如果没有稳住，且有加重倾向，那赶紧服药。

临床建议服药：如果严重程度达到了中度及以上，建议服药。因为这个严重程度表明抑郁者很可能已经发生了脑神经化学层面的变化，单纯从心理治疗和自主治疗方式干预，恐怕无法有效改善症状。这时，服药所带来的积极影响要超过服药所带来的消极影响。

临床强烈建议服药：如果达到重度以上，或已经伴有精神症状，临床强烈建议服药。这时，服药所带来的积极效果远远超过服药所带来的消极效果。

② 个体化合理用药

对于每位抑郁者使用抗抑郁药物，还需要有一些个性化的考量。这些考量的要素包括药物疗效的主观感受、不良反应的主观感受、性别差异、不同年龄患者的代谢差异、有没有自杀意念以及过去抗抑郁药物的服药史。如果服用过抗抑郁药物，尽量选择过去疗效比较好的那一种，那么这一次很有可能疗效也会比较好。

③ 首次服药单一用药

对于首发抑郁症，或首次服用药物的抑郁者，单一用药（只用一种抗抑郁药）是首要原则。除非有以下情况，可以考虑联合用药：重度抑郁症，严重影响功能；症状多维，单一药物无法覆盖主要症状;伴有精神症状;有中度以上自杀风险。

在现实情况当中,很多精神科医生在首诊时就会给患者联合用药,而且药量很大,药性很重,造成严重的不良反应,以至于患者在服药以后不堪重负自行停药,甚至对用药产生心理阴影,对精神科医生失去信任,造成服药依从性比较差,对后来的治疗也造成了阻抗。

④ 确定起始剂量及计量调整

抗抑郁药用药初期,会有一些不良反应,或称副作用,例如出现胃肠道不适感(可以在饭后服药以减轻不适)、嗜睡(可以改为睡前服用)、入睡困难(可以在早餐后服用)、视线模糊(个别药物,如度洛西汀会有的副作用)等情况,让很多人对抗抑郁药望而却步,不敢服用,或感到副作用之后马上停药,这很遗憾。

一般认为,初始不良反应并非在所有抗抑郁药中都会发生,有个体差异,且目前的一线用药基本没有副作用。即便会有初始副作用,一般来说大部分会在一到两周后逐渐减轻甚至消失,只有个别的副作用会持续存在。

为避免出现严重的副作用,抗抑郁药一般会从最低剂量开始,叫做起始剂量。之后在服药的第1—2周内,根据药效和不良反应的平衡进行加量,调整到有效治疗剂量。有效治疗剂量是指能看到明显治疗效果的剂量,能改善症状,而且副作用耐受度又比较好。一般认为在有效治疗剂量维持两周以后,药物疗效就会趋于稳定。

⑤ 换药原则

在治疗中,任何一位精神科医生都无法保证给患者开的第一种药就是最适合的,因为患者有个体差异,即同一种药对这个人有效果,不代表会对另外一个人有效果。所以在足量或有效剂量服用2—4周没有明显疗效或者副作用太大时,就可以开始考虑换药;

还有一种情况可能会换药，就是一种药用了几年甚至十几年，药效明显不如之前，这种情况可能是因为病情发生了演变，当前药物已经不适合当前的新状况，可以考虑换药。

⑥ 联合治疗

在换药几次无效之后，可以考虑两种作用机制不同的抗抑郁药联合使用。通常对比较严重的抑郁者，建议同时服用文拉法辛和米氮平这两类药。这两种不同机制的药物在联合使用时可以起到协同作用，尤其是在文拉法辛的剂量达到 225 mg 以上时，可以达到更好的效果。当单纯的抗抑郁药已经达不到理想的治疗效果时，可以考虑用锂盐或抗精神病药增效，比如奥氮平、喹硫平和阿立哌唑等。

⑦ 停药原则

药物治疗主要分为三个治疗阶段，分别是急性治疗期、巩固治疗期和维持治疗期。急性治疗期是两到三个月，巩固治疗期是六到九个月，维持治疗期可长可短的，一般不少于三个月。三个治疗期加起来差不多一年时间。

是否可以停药，要看以下几个方面的评估。

是否达到疗程：首诊用药要满 1 年，这是最新版本的抑郁症临床治疗指南的建议。如果是复发治疗，时间要相应延长至 2—3 年甚至更久。如果没有达到疗程就停药，有复发风险。

停药前三个月是否有波动：在停药前，需要评估之前三个月内是否有明显的情绪大波动，睡眠、饮食等躯体症状，社交上的行为退缩以及任何功能受损情况。如果没有，表明病情在临床治愈的水平上保持稳定。

近期是否有重大压力事件：有些抑郁者一直承受着某种重大压力，如家庭关系压力、夫妻关系压力、亲子关系压力、职场压力、经济压力和任何一种造成破坏性伤害的压力，虽然服药期间可以保持功能,但这种压力持续存在。如果是这样,要慎重考虑停药。在转变了压力事件、压力关系或压力环境后,再考虑停药。

接下来三个月是否有重大挑战: 有些抑郁者在打算停药的时间点之后的三个月内,将面临重要挑战,如高考、换新工作、出国换环境等,这些情况都有可能带来重要挑战,不建议停药,而是等重大挑战尘埃落定之后再看。

认知模式是否改变: 之前提到过手枪的比喻。我们的认知模式是内在机制中的重要一环,如果认知模式没有改变,下次再遇到刺激事件和因素,可能还会发作抑郁。

生活方式是否改变: 有些抑郁者的生活方式不健康,要么压力环境明显,要么经常熬夜工作,要么没有运动锻炼习惯,要么没有持续精进的兴趣爱好等,这些生活方式都可以成为抑郁者的刺激点。

支持系统是否充足: 支持系统是指理解抑郁者的家人、朋友,也包括匹配的心理咨询师和精神科医生,这些支持系统的资源在抑郁者再次受到生活事件刺激时,可以成为支持力量。

以上就是在停药前要评估的主要因素。并不是说所有因素都要达到理想状态,那恐怕很难,但这些因素中达成的越多,停药之后复发的风险越低。

如果经过综合评估考量,精神科医生和患者及家人达成一致,都同意停药,那就开始停药。

停药需要遵循"逐渐减量"的原则。如果突然大幅度减药或停药,会出现"戒断反应",即身体长时间适应了一定浓度的药物在人体血液中,突然减药或停药会造成血药浓度陡降,身体会非常不适应,出现相应的反应,比如嗜睡、乏力、焦虑、烦躁、易激惹等。有些药物(如文拉法辛)还会出现脑触电现象(brain zaps,并非真的大脑触电，而是感觉就像大脑过电一样），这种脑触电的感觉会打断当下的思路，只持续存在一两秒，对大脑并没有明确的损伤，一般在停药之后两周左右会消失。

⑧ 治疗共病

如果抑郁者有共病的情况，比如在抑郁的同时还有焦虑、强迫、多动或其他精神疾病，就需要对其他疾病同时进行治疗。但需要判断这种共病的逻辑是怎样的，比如是先有抑郁引发了焦虑，还是先有焦虑引发了抑郁；是先有抑郁加重了多动，还是先有多动引发了抑郁。这种共病逻辑关系直接影响用药策略。即便是同时出现的病症，也要区分当前患者是以哪种病症为主导症状，针对主导症状进行首要治疗。

有一些抗抑郁药同时具有抗抑郁和抗焦虑作用，甚至同时有抗强迫的作用，但这种可以同时治疗多种病症的药物仍然有主攻病症方向，而不是对不同病症具有同等效果。举例来说，SSRI 类的五朵金花的药物机理类似，对抑郁、焦虑、强迫好像都有作用，但在临床经验中可以观察到，氟西汀更针对抑郁症状，帕罗西汀更针对焦虑症状，舍曲林有点全能，针对抑郁、焦虑和强迫都可以（笔者个人经验），而氟伏沙明更针对强迫。

用一种药物同时应对共病问题的话，需要对两种病症进行单独评估、分开跟踪，看看药效如何。如果效果不是很好，就要考虑针对不同病症的不同药物。

（4）药物治疗之前的实验室检查

了解了药物的使用规则，接下来需要了解在药物使用之前，需要做哪些实验室检查。

实验室检查就是指抽血检查各种血液指标。总体来说，血液指标检查是为了对药物治疗有更好的指导作用。

① 血常规

血常规可以帮助医生初步判断血液成分是否异常，是否有感染，是否有造血功能问题，是否有凝血问题，是否有贫血问题等。这些基本情况需要在服药前确定。

② 肝肾功能

几乎所有药物的代谢不是从肝代谢，就是从肾代谢，或是从肝和肾同时代谢。

在服药前，需要知道患者的肝肾功能如何，尤其是青少年患者和老年患者。一般建议在服药前、服药后三到六个月对肝肾功能检查一次。如果有问题，根据不同的严重程度判定是要同时服用保肝保肾治疗，还是换对肝肾损伤小的抗抑郁药物。

③ 血糖

有一些抗抑郁药会造成血糖升高，比如常用药米氮平，其中一个副作用就是升高血糖，所以有糖尿病的患者服用药物需要非常小心。如果已经有糖尿病，有血糖升高的问题，首先需要选择对升高血糖没有明显效果的药物，其次需要定期检查，根据血糖升高的严重程度，来决定定期检查的频率。

④ 血脂

有很多抗抑郁药物会造成血脂升高或脂肪代谢紊乱。比较典型的药物有米氮平和奥氮平等。很多抑郁者担心服药后会发胖，有些药物是因为增强食欲造成发胖，有些药物是因为脂肪代谢紊乱造成发胖。这是很多女性患者最介意的副作用，她们更倾向于选择安非他酮，因为该药的脂代谢副作用不明显。

⑤ 甲状腺功能

甲状腺功能是通过甲状腺功能五项检查得来的，检测结果涉及甲状腺激素的指标。甲状腺激素水平和情绪状态密切相关，不管是甲状腺功能亢进还是减退，都会影响情绪。如果查出甲状腺功能明显异常，内分泌科医生或者全科医生建议需要用药物来改善，那么甲状腺功能药物和抗抑郁药物就要双管齐下。

⑥ 血锂浓度

血锂浓度是指对服用碳酸锂的抑郁者检查血液中的锂浓度。碳酸锂中的“锂”元素在血液中有一个浓度值，这个锂浓度的治疗剂量跟中毒剂量比较接近，即适当的剂量和血药浓度能起到很好的治疗作用，但如果稍微过量就有可能造成锂中毒，这是比较危险的情况。因此，在使用锂盐过程中需要加倍小心，对血锂浓度进行关注和定期监测。一般来说，服用剂量在 600 mg 及以下时问题不大，在 900 mg 及以上的剂量时，初期需要每一到两个月检查一次，稳定后每三到六个月检查一次。

⑦ 微量元素

微量元素是指人体中少量存在的元素，包括铜、铁、锌、钙、铅、镁等。有些孩子比较挑食，可能会造成微量元素缺乏，尤其是锌元素缺乏，会造成注意力不集中，注意力不集中就会影响学习成绩，影响学习成绩可能就会影响到情绪。如果缺乏微量元素，就需要按照专科医生的意见来补充，改善微量元素缺乏的症状。

⑧ 性激素

人体的性激素水平跟情绪有密切的关系，尤其是在青春期、孕产期和更年期这三个时期，人体的激素水平会有比较明显的变化，甚至是非常大的变化。这种激素的大幅度变化会明显地影响到人的情绪状态。需要关注女性的青春期、孕期和更年期的激素水平。对于男性，睾酮水平和抑郁症密切相关，雄激素水平过低也有致抑郁的可能。

以上所有这些检查项目都需要定期复查，定期间隔不等，需要根据每个患者的不同情况、严重程度来决定。

2. 心理治疗

心理治疗主要是通过改善认知功能，调节情绪管理能力，提高应对技能，对自己的心理机制有更多的觉察和理解，进而改善行为能力，从而达到改善社会功能和适应环境的目的。

关于心理治疗，有些共性疑问答复如下：

疑问 1：抑郁症是否可以心理治疗？是否一定要做心理治疗？

任何一种抑郁症在一定程度上都可以受益于心理治疗。不同的抑郁症受益于心理治疗的程度是不一样的。当抑郁者在症状严重时，如在急性治疗期，其大脑功能水平严重受损，甚至理解他人的话或者表达自己的语言都有困难，这时心理治疗往往收效甚微，几乎无法起到效果。这种情况下可以先用药物稳定一下症状，然后再做心理治疗。

心理治疗的目标更多着眼于内在机制的调整，是为了下次遇到类似情况的时候降低复发率和抑郁程度。至于是不是一定要去做心理治疗，需要从治疗性价比、期望达到的效果综合衡量一下。

疑问 2：哪种抑郁症适合做心理治疗？

是否适合做心理治疗主要看抑郁症的类型。对于以生理性因素为主导因素的抑郁症，如内源性抑郁症、躯体疾病所致抑郁症、药物所致抑郁症和由激素变化导致的抑郁症，心理治疗的效果就不如以心理因素为主导因素的抑郁症。

当然，从更广阔的维度来说，任何人都可以从心理咨询和心理辅导中获益，收获心灵的成长、生活的方向和自我的提升，只是要想通过心理治疗来疗愈病症的话，心理治疗的性价比如何就有待考量。

另外，产后抑郁这个类型的抑郁症稍微有点特殊，因为产后抑郁的病因虽然包括产后女性激素水平变化带来的一部分原因，同时也有心理变化的原因。比如，女性身份角色的变化、夫妻关系的影响、家庭关系的影响、职场女性角色进入家庭角色这个身份变化的影响，这些都是心理层面的，影响也很大，心理咨询可以带来的收益很大。

疑问 3：哪种严重程度的抑郁症适合心理治疗？

任何一种严重程度的抑郁症都可以也适合做心理治疗，只是不同严重程度的抑郁者在心理治疗中的获益程度不同。

如果已经达到中度到重度或极重度的抑郁症，做心理治疗的难处在于抑郁者的负性思维可能已经很严重，思维已经被限定、被抑制、被框在负性消极的框架里，心理治疗谈话的方法很难起作用，甚至抑郁者在理解治疗师的语言上都有困难，也会误解。在这样的急性期，建议以药物治疗为主，先改善基本功能。

疑问 4：抑郁症适合哪些心理治疗方法和技术？

尽管心理治疗出现的历史不过百年左右，但心理治疗理论和方法如雨后春笋般蓬勃发展。如今心理治疗理论已接近五百种，有些理论始终走在前沿，受到瞩目，如精神分析、认知主义、行为主义、人本主义、情绪聚焦疗法、家庭治疗理论、人际关系疗法、格式塔等，甚至随着理论研究的深化和社会的发展与变化，又衍生出更多的分支支派，而有些理论和方法则很快或渐渐消失在理论翻新的大潮中。

对于抑郁者来说，很难判定哪种心理治疗方法或技术更有效。

心理治疗过程中有一些共同因素在发挥作用，也有一些特定方式和方法在起作用。对于特定的来访者来说，疗愈既有共性，又有特异性。咨询师基于特定咨询理论的学习和多年经验的沉淀，将理论应用到与来访者的实际工作中，体验时时互动反馈的动力，体会某个时刻心里被触动的精妙，经历来访者在持续咨询中循序渐进的变化，这就是有效的咨询。

综上所述，适合抑郁者的咨询方法就是最好的方法。

答复以上疑问之后，我们来针对不同的心理治疗类型进行一一阐述。

抑郁症可以使用的心理治疗方法包括个体心理治疗、家庭治疗、团体治疗和家庭团体治疗等，每种治疗方法又有细分类别。

(1) 个体心理治疗

个体心理治疗更多针对个体成长经历、原生家庭带来的心理模式、当前人际关系困难以及自我看待等问题进行纵向深入的治疗。

在抑郁症的个体心理治疗方法中，一度备受推崇的是“认知行为疗法”。这种疗法是通过矫正非理性认知的方式建立新认知，从而改变非适应性行为。非理性认知，如“以偏概全”“非黑即白”“全或无思维”“固化认知”“刻板印象”等，都可以通过认知觉察、认知矫正和认知重建等帮助抑郁者打破原有的非适应性想法，从而建立新想法和行为模式，以适应当前环境。

认知行为疗法对有些抑郁者来说非常适用，可以有效解决问题，改善症状，但对另一些抑郁者来说，却没那么有效，因为这种偏理性的治疗方法对于有深度心理创伤的抑郁者来说，就显得生硬和缺乏人情味。

抑郁者更多体现在情绪层面上的问题需要从情绪着手发力，“情绪聚焦疗法”就显示出优越性。同时，在神经生物学原理中可以看见或者说找到情绪治疗有效性背后的脑神经依据。

抑郁症的治疗并非单纯解决认知问题，也非单纯解决情绪问题，而是根据来访者当前的活跃状态来看，从哪个切入点入手更能够走进他的内心，抓住症结点，进而将症结点拆解，打破负面情绪能力的淤积点，打破非理性认知的固化点。

个体心理治疗主要有以下三个要点。

要点1：来访者与咨询师匹配 个体心理治疗特别强调来访者跟咨询师的适配性，意即咨询师和来访者之间需要建立信任感，能够敞开交流。说白一点，就是来访者需要认可这位咨询师，喜欢这位咨询师，愿意听他讲话。很多咨询师水平很高，但如果来访者就是不喜欢甚至讨厌，那咨询师就很难与他建立良好的咨询关系，治疗效果就会大打折扣。

要点2：来访者和治疗方法匹配 心理治疗方法是否有效，因人而异。同一种方法，对有些人有效，对有些人没效。有些抑郁者喜欢追根究底，可以尝试精神分析；有些抑郁者希望解决问题，对问题形成的原因根本不在乎，可以尝试认知行为疗法；有些抑郁者的情绪比较突出，可以尝试情绪聚焦疗法。根据每位抑郁者不同的特点选择适合的心理治疗方法是关键。

要点3：规律治疗 通常认为心理治疗是一周一次比较好，因为在一周的时间里既可以给来访者空间理解消化这次咨询中的一些议题，也有空间去尝试和应用咨询中提到的一些方法和策略。在尝试过后，还可以有一些思考。这些动作都在保证上一次的咨询内容在来访者头脑中的活跃状态。如果间隔太久，这种活跃状态就会淡化，下次再咨询时，上次咨询了什么都想不起来了，咨询动力就会脱节。如果相隔太近，上一次咨询的内容还没有充分消化。

当然，有些特殊情况，如网络成瘾、自杀风险、人格障碍等问题，在开始治疗阶段可能需要更加密集的咨询频率。

（2）家庭治疗

家庭治疗是指当一个家庭成员出现精神心理问题，通过家庭整体接受治疗，调整和改变家庭动力模式，进而疗愈受困家庭成员。家庭治疗对于12岁以下的儿童和12—15岁的青少年尤为重要。

家庭治疗虽有不同理论派别，但总体上都认同的前提是，抑郁者作为家庭成员的一部分，出现抑郁状况，不可避免和家庭环境有关。因此，家庭环境、家庭动力和家庭关系的调整有助于疗愈抑郁者。

关于家庭治疗可能以下疑问，解答如下：

疑问1：什么样的抑郁者需要家庭治疗？家庭治疗在疗愈中扮演什么角色？

不可否认，不管是青少年抑郁者还是成年抑郁者，原生家庭的影响都是不可估量的。我们常说，一个孩子得了抑郁症，恐怕是整个家庭系统都出了问题。父亲的角色、母亲的角色、孩子的角色都在这个家庭系统中呈现，系统出问题了，一定是系统中每个成员都出现问题了，也都受到影响。

但需要澄清的是，原生家庭理论只是帮助我们更好地认识抑郁形成的原理，并不是帮助抑郁者走出抑郁的法宝。如果抑郁者过多依赖父母和家庭的改变，认为只有父母改变了或家庭环境改变了，自己才能疗愈的话，那恐怕要有很长一段路要走。

那么，到底如何把握抑郁者在个人担负疗愈责任和家庭环境改变带来的助力之间的平衡，主要看抑郁者当前年龄、抑郁症的严重程度、家庭成员是否愿意改变以及改变的难度多大等因素。

如果抑郁者已经成年，就应该承担也能够承担起疗愈的主要责任，那么家庭治疗就显得次要甚至不必要；如果抑郁者是15—18岁，还不能够完全承担起疗愈的主要责任，需要父母或家长提供改变的动力和助力，家庭治疗就担当辅助角色。

如果抑郁者的病情严重，已经达到失能或失控的状态，那么父母或家长就要在初始阶段承担起疗愈的主要责任，待抑郁者康复到一定水平之后，再看要不要转移主导权给孩子。

如果家庭成员基本没有改变的意愿，不承认自己在教养过程中有什么过失，也没有改变的能力，那么花很多时间在家庭治疗上性价比就显得不高。除非孩子年龄还小，如果没有父母家长的改变，孩子无法疗愈，那就要硬着头皮做家庭治疗。

如果家庭成员有改变的意愿，且有改变的能力，改变的难度不大，那么可以让家庭助力在抑郁者疗愈的整个过程中发挥作用，但不能喧宾夺主，侵占或剥夺了抑郁者作为主导疗愈者的角色责任。

疑问 2：家庭治疗需要怎样的形式和频次？

一般来说，家庭治疗是以全部家庭成员（常住在一个屋檐下的家庭成员）出席治疗现场，在治疗师引导下进行互动的形式。任何家庭成员缺席，都可能造成治疗效果大打折扣。

治疗师以什么样的身份角色、以怎样的方式及程度介入家庭成员互动中，根据不同家庭治疗理论会有很大的不同。治疗频次也是因不同理论模型而异。笔者的做法是四次个体治疗和一次家庭治疗的交替形式进行，一边解决个体问题，一边解决家庭问题。

疑问 3：家庭治疗中发现父母个人的议题该如何处理？

如果在抑郁者的家庭治疗中发现父母的个人议题明显影响了当前针对抑郁者的家庭治疗效果，那么需要以个体咨询的方式针对这位家人的个人议题进行单独处理，且这位家人的个体心理咨询师与当前抑郁者的心理咨询师不应该是同一个人，因为在关系亲密的家庭关系中的两个人同时做个体咨询，同一位咨询师是无法保证任何一位咨询者的利益最大化的，这就破坏了当前抑郁咨询者的利益最大化。

（3）团体治疗

团体治疗是通过不同的团体形式对抑郁者进行科普指导、专业支持、动力疗愈，在团体中创建安全的关系氛围，借助团体动力提供陪伴、支持、不同视角的认知碰撞、情绪的宣泄抱持，进而达到矫正性体验的疗愈作用。

团体工作的形式主要是在团体情境中开展团体学习、团体人际交互作用和团体活动等。个体在团体互动中通过观察、学习和体验，认识自我、探讨自我、接纳自我，并调整和改善与他人关系，学习新的态度与行为方式，以发展良好的情绪模式、认知模式和行为模式，适应生活环境。

现代心理团体工作有不同形式，包括治疗团体、人际动力团体和支持团体等（还有其他类型的团体，此处为突出重点而省略）。笔者根据个人有限的学习和经验介绍如下。

治疗团体　治疗团体一般是针对某种特定的病症组织实施，针对病症特点设计的团体内容体现了结构化的属性，即具有明确的团体内容安排。在精神医院进行的团体很多都是这种治疗团体，起到了健康科普的功效。这种治疗团体的劣势就是缺乏人际互动元素，因为对于精神心理病症来说，单单是健康科普所起到的治疗效果是远远不够的，毕竟患者需要更多表达输出过程，如果只是被动输入，效果不佳。

人际动力团体　人际动力团体是指专门以人际动力撼动或打破抑郁者内心壁垒的团体，在团体过程中可能会涉及个体纵向成长经历的简要分享，但更多是通过个体分享进行横向播散，带来当下群体动力的震动，让团体中的每个人都经历矫正性体验。通过人际矫正性体验、团体凝聚力、普遍性以及重塑希望等疗效因子，能够重建抑郁者的人际互动模式，进而带来功能改善。人际动力团体是典型的非结构化团体，欧文·亚隆团体就是人际动力团体的典型代表。这种团体的劣势就是缺乏知识性输入，受限于动力形式，几乎无法进行知识性输入。

支持团体 支持团体是指一群同质群体（共同受困于一种状况，共同工作在一个部门，共同经历一些特殊人生阶段等）定期会面，彼此分享生活进程中的难处，给予彼此倾听和支持。支持团体不一定由专业人士带领，也很难进入深层次，只是一种浅表化的支持同在。匿名戒酒会（AA）就是支持团体的典型代表。

基于以上对团体工作的介绍可以看到，其实抑郁者人群非常适合团体治疗。只要没有明显的自杀倾向或特定的人格障碍，都可以在团体治疗中获益。

每种团体都有自己的优势和劣势，根据笔者有限的经验来看，对抑郁者最好的团体形式是半结构化的团体，既有知识性输入，又有人际动力带来输出的活力。但这种半结构化的团体工作非常不容易，如何在结构和非结构中游刃有余地引导和带领，对团体带领者来说挑战很大。

（4）家庭团体治疗

家庭团体治疗是指针对有类似家庭动力的多组家庭组成一个家庭团体，通过带领者的主题式引导和团体成员的讨论碰撞，旁敲侧击地打破家庭关系的壁垒，潜移默化中得到疗愈。

家庭团体治疗是笔者在近些年探索的一种新型治疗方法，是针对有类似家庭动力的多组家庭组成一个家庭团体，在一个世外桃源般的优美风景地，驻扎沉浸式学习 7 天、14 天或 21 天。在此期间，将家长和孩子组织起来，结合多种疗法方法，包括个体心理治疗、家庭治疗、团体治疗、艺术治疗、音乐治疗和运动治疗，展开三条线的陪伴和疗愈，第一条线是针对孩子的，第二条线是针对家长的，第三条线是针对家长和孩子的。

在第三条疗愈线中，将家长和孩子组织在长桌的两边，一边坐孩子，一边坐家长，将孩子角色打包成一个整体，将家长角色也打包成一个整体。通过带领者的主题式引导和团体成员以打包的团体角色进行讨论碰撞，淡化个体角色，突出整体角色，旁敲侧击地打破个体家庭关系的壁垒，在潜移默化中得到疗愈。

3. 工娱治疗

工娱治疗是指以特定的表达方式，不管是音乐治疗、绘画治疗、戏剧治疗、舞蹈治疗或运动治疗，让抑郁者跟自己的内心建立联结，通过表达性艺术或活动将内心的感受和情绪表达出来，进而打破负面情绪能量的淤结点，甚至能达到一种体验心流的感觉。在这种体验当中，抑郁者可以重建自我联结感、自我身份感、自我认同感和自我价值感，进而改善抑郁症状。如果工娱治疗可以和其他心理治疗方法结合起来，效果更好。

4. 物理治疗

抑郁症的物理治疗对很多人来说很陌生。物理治疗可以理解为通过物理仪器改善脑部的神经化学因素、电位因素或磁场因素，进而达到改善抑郁症状的目标。针对物理治疗，我们将按照价值重要性和应用普遍性主要介绍两种治疗方法，分别是电休克治疗和经颅磁刺激治疗，次要介绍经颅直流电刺激治疗和弱强度磁刺激治疗。

(1) 电休克治疗

电休克治疗是指用电仪器通过一定电伏的电流对患者头部太阳穴处进行电刺激，导致大脑在瞬间重新统一放电，同时带来全身抽搐，从而将大脑中原有的神经通路打断，进而达到治疗抑郁症的效果。之前的电休克称为非改良型，即不在全麻下进行，现在使用的多是改良型，即在全麻下进行。

电休克治疗的适应证（在什么情况下可以使用电休克）是有严格标准的，具体包括严重自杀风险、严重兴奋躁动造成损物伤人、紧张木僵者以及药物治疗无效或不能耐受者。

自杀风险严重时，没有家人可以保证抑郁者不自杀，这时就要考虑住院，并进行电休克治疗。严重兴奋躁动造成损物伤人这种情况在典型的抑郁者中并不常见，而更多见于躁狂或双相患者。紧张木僵者可能会有拒食表现，就是不吃任何东西，造成营养不良、电解质紊乱等一系列躯体问题，进而加重抑郁症，这种严重的抑郁症患者现在已经很少见。药物治疗无效或不能耐受药物的情况也要考虑电休克治疗。药物治疗无效的情况其实很少见，因为当前抗抑郁药的种类越来越多，总有一款适合抑郁者。但如果已经尝试过很多种不同的药物，仍看不到效果，从心理上就会感到绝望，这时就可以考虑电休克治疗。药物不能耐受是指服用任何药都有很大的副作用，包括恶心、呕吐、头痛、嗜睡，甚至到影响意识的程度，这可能和体质有关，这种情况也可以考虑电休克治疗。

电休克治疗也有一些禁忌证（在这些情况下不适宜使用电休克治疗）需要关注，具体包括近期有颅内出血、大脑占位性病变、颅内压病变、嗜铬细胞瘤、基底动脉瘤、严重的心脏问题、高血压问题、青光眼、全身感染性疾病、呼吸系统病症、肝肾内分泌病症、躯体疾病导致的营养不良、骨和关节疾病等，儿童和孕妇禁止做电休克。如果存在以上状况，做电休克都需要谨慎评估衡量利弊。

关于电休克治疗的副作用也比较多，包括头疼、恶心、呕吐、短暂的近期记忆力减退。很多患者关注失忆的问题。官方回复是失忆是可逆的，一般在半年内恢复，但实际情况是有些患者在电休克之后很多年都有近期失忆的情况。鉴于电休克治疗具有对神经系统不可预测的副作用，需要严格把握适应证和禁忌证。

(2) 经颅磁刺激治疗

经颅磁刺激治疗是一种非侵入性的物理治疗，通过磁场改变大脑神经递质浓度的方式来达到治疗效果。经颅磁刺激治疗主要是通过靶向脉冲、磁脉冲改变脑部神经递质的浓度，同时它也在一定程度上能够改变神经突触的连接性，这两个方面都会改变抑郁的症状。经颅磁刺激治疗是经过美国 FDA 认证的抑郁症治疗方法，对抑郁症治疗的有效率在 80%以上。

美国临床经颅磁刺激治疗学会在 2016 年发布了经颅磁刺激治疗重性抑郁的共识建议，认为经颅磁刺激可作为缓解抑郁症状的急性治疗手段，或者抗抑郁药物治疗临床效果不佳或耐受不良的患者可以采用经颅磁刺激，特定的刺激部位为左前额叶。急性治疗通常 4—6 周起效。同时认为，对于经颅磁刺激急性治疗有效的患者，疾病反复时经颅磁刺激可作为维持治疗手段。

以上两种物理治疗是针对抑郁症比较主流的方法。下面简单介绍一下经颅直流电磁刺激治疗和弱强度磁刺激治疗。

(3) 经颅直流电磁刺激治疗

经颅直流电磁刺激治疗是一种无创的神经刺激技术，利用细小的电极传递恒定的低压电流到特定的脑区，调节皮层兴奋性引起大脑功能改变。这种治疗不仅限于治疗抑郁症，它还对精神分裂症、成瘾、自闭、癫痫、耳鸣这些病症有一定的疗效，但是目前对这种治疗的相关文献研究不是很多。从安全性角度来讲，我们能够了解到的是有限的。不良反应是轻微的刺痛、疲劳、恶心、皮肤损伤。这种治疗方法的劣势就是空间定位的准确性比较差，有些不可预测的副作用。

（4）弱强度磁刺激治疗

弱强度磁刺激治疗和经颅磁刺激相似，只是设备不像经颅磁刺激治疗那么大，而是可以小型化成为家用的一种磁刺激仪器，操作起来也比较方便，可以在20分钟治疗之后明显改善抑郁症状，而且副作用不显著，耐受性也比较好。因此，这是一种比较有使用前景的物理治疗方法。

三、这些治疗方法的优势和劣势分别是什么

介绍了这么多不同的治疗方法，大家可能开始迷糊了。别急，接下来我们会从有效性、起效快慢、耗时长短、副作用大小、费用高低、体验感受、资源是否充足等方面比较不同治疗方法的优势和劣势。

1. 药物治疗的优势

（1）有效性

需要澄清这里说的有效性是指针对药物可解决的问题有效，而针对那些药物解决不了的问题就谈不上有效。有效性较高的意思是针对可以解决的问题，药物在80％以上的情况都可以解决，这是有效性较高的一种治疗方式。

（2）起效快慢

药物治疗起效相对较快是指在开始服用对症的药物之后1—2周就可以看到效果，2—4周就可以稳定发挥功效。相对于心理治疗需要数月或数年才能有效果，药物治疗是起效较快的

治疗方法。

(3) 费用高低

费用问题按照不同标准来看,可高可低。一般来说,进口药相对贵些,国产药相对便宜。相对于心理治疗的费用,如果找较好的咨询师估计每月要几千块,但药物一般花费几百块,费用相对较低。

(4) 资源是否充足

药物比较容易购买,有些正规的网上药店甚至配备线上药师,可以在线开处方,在线开药,送药上门(管控类药物除外)。

2. 药物治疗的劣势

(1) 耗时长短

药物治疗起效虽然快,但总体用药时间也要以年为单位,抑郁者首次服药需要1年以上,复发服药要更久,总耗时相对较长。

(2) 体验感受

有些药物吃起来感觉很不好,且吃药这件事在主观感受上就是不好,因为大家会有约定俗成的观念,认为吃药就代表有病。

(3) 副作用大小

有些药物副作用比较大,吃起来很难受,远期副作用还不确定。

3. 心理治疗的优势

(1) 有效性

这里说的有效性是指心理治疗针对的问题和治疗目标相对隐性和抽象,不容易看到效果,也很难衡量效果。所以从来访者感受上来说,不容易认为心理治疗是有效的,但实际上好的心理治疗可以非常有效,且从认知层面解决问题,可以起到更好的预防复发的作用。

(2) 副作用大小

通常我们会认为心理治疗副作用较小，至少不像药物副作用那么明显可以感知到。但如果心理治疗不对症，或心理治疗师没有严格遵守治疗伦理守则，由此带来的伤害可能更大。

(3) 体验感受

心理咨询和治疗一般是在环境美好的咨询室进行，而不是环境压抑的精神病院。心理咨询师也会用具有同理心的方式对话，关注来访者的每句话和每个感受，这种被关注、被倾听的感觉远比在精神病院被精神科医生发号施令好多了。

4. 心理治疗的劣势

(1) 起效快慢

心理咨询和治疗所要达成的目标是认知、情绪模式、行为习惯层面的问题，这些都是常年累月反复强化形成，非常不容易改变，这就决定了心理治疗的目标不容易达成，起效较慢。

(2) 耗时长短

同样是因为心理咨询和治疗的目标是改变经年累月形成的认知、情绪模式和行为习惯，改变较难，耗时也较长，少则几个月，多则几年。

(3) 费用高低

心理治疗可以很贵。以上海为例，心理咨询师的价格在每个咨询单元(45—60 分钟不等)200—3 000 元不等。大部分情况下都要比药物治疗贵些。

(4) 资源是否充足

不得不说，目前国内好的咨询师真的不好找，资源非常匮乏，尤其是有经验的青少年咨询师更难找，可能要试错几次之后才能找到合适的咨询师。

5. 工娱治疗的优势

（1）有效性

如果工娱治疗的目标只是通过表达性创作的方式单纯映照出来访者的内心，建立和内心的联结的话，这个目标很容易达到，因此有效性较高。但如果在表达性成果的基础上不加外在引导，改善抑郁症的症状，那么有效性就有限。

（2）耗时长短

工娱治疗不管是哪种形式，都可以在较短时间里甚至在当次治疗中就感受到与自己内心联结的效果。

（3）副作用大小

可以比较肯定地说，工娱治疗的副作用较小，甚至几乎没有副作用，因为工娱治疗的本质是通过表达性创作将来访者的内心映照出来。如果是单纯的映照，不太涉及咨询师后续衍生的引导的话，那副作用就几乎没有。但如果基于表达性成果不做任何加工和引导，那么治疗效果也是有限的。

6. 工娱治疗的劣势

（1）费用高低

优秀的工娱治疗师的费用也较高，和优秀的心理咨询师相仿，按照疗程治疗的费用就更高。

（2）资源是否充足

优秀的工娱治疗师，不管是艺术治疗师、音乐治疗师，还是其他具有资深经验的表达性治疗师或运动治疗师，都不容易找到。

7. 物理治疗的优势

(1) 有效性

按照物理治疗的目标来看，有效性也较高。电休克治疗改善自杀想法的有效性在80%以上。

(2) 起效快慢

电休克改善自杀想法一般在6次之内(2周之内)就起效的比例较高，在12次(4周)内起效的比较更高。相对于心理咨询和用药几个月才起效，电休克起效要快得多。经颅磁刺激治疗起效相对较慢，大概需要4—6周。

(3) 耗时长短

物理治疗的频率要比心理治疗高很多，电休克一般是隔天做，经颅磁刺激可以每天做或隔天做，所以总耗时较短，1—2个月就可以完成疗程。

8. 物理治疗的劣势

(1) 副作用大小

不得不说，笔者个人认为电休克治疗的禁忌证较多，且副作用较大，还具有不确定性。经颅磁刺激治疗的副作用相对较小。

(2) 费用高低

全麻下的电休克治疗费用较贵，一般在千元以上甚至更贵，要看配备的麻醉师和病房条件。这个单价要超过药物价格，甚至超过一些咨询师的价格。经颅磁刺激治疗的价格相对低些，但频次高算下来的总价格也堪比咨询师价格。

(3) 资源是否充足

电休克一般只在住院环境下操作，因为需要麻醉操作。有些医院没有电休克设备，资源显得不足。经颅磁刺激虽然大部分精神医院都有配备，但尚无法在家庭环境中配备，资源显得尚不充足。

四、这些治疗方法是否可以联动协同，如何联动协同

经过以上阐述，大家对不同治疗方法的优势和劣势有了基本了解，但可能还会困惑，既然不同治疗方法有不同特点，是否可以结合不同疗法的优劣势，联动协同起来，带来综合优势呢？

在抑郁症的诸多治疗方法中，有些方法同时使用可以起到联动协同的效果，但如果在同时使用时没有关注到协同的方式，可能会适得其反。

1. 药物治疗和心理治疗

药物治疗和心理治疗是否可以同时进行，需要看抑郁者现阶段的病情程度。如果在轻度或中度的范围内，抑郁者具备心理治疗的条件，就可以同时进行药物治疗和心理治疗。

“具备心理治疗条件”是指抑郁者拥有足够的沟通能力、理解能力、反应能力、记忆能力、表达能力等基本的人际互动能力。如果抑郁症时间比较久，病症较为严重，抑郁者的大脑有一定程度的受损，导致以上基本的人际互动能力出现迟缓甚至减退的现象，那此时抑郁者做心理治疗成效甚微，性价比就比较低。这时需要优先考虑药物治疗，先改善患者大脑的部分功能，在注意力、理解力、记忆力、反应力和表达力等得到改善，恢复基本沟通能力后，再做心理治疗就比较合适。

还有一些情况是抑郁者对药物治疗有顾虑，就可以先做心理治疗，治疗一段时间后再评估，结合实际情况判断是否有必要药物治疗。

当开始进行药物治疗之后，需要关注药物的副作用会不会对心理治疗产生影响。尤其是医生给患者联合用药且剂量较大时，需要关注患者是否会出现反应迟缓、嗜睡、精神不好、注意力不集中、情感麻木等问题，这些都会影响心理治疗的效果。

这时，要么等待药物副作用缓解后再进行心理治疗，要么请精神科医生根据病情调整药种或药量，减停副作用，给心理治疗留出一点空间。与此同时，心理咨询师如果了解患者的药物反应，在做咨询的过程中需要关注抑郁者每个细微的反应，留意查验是药物对身体带来的迟缓反应，还是患者的认知思维出现问题，便于咨询师对患者有更多了解和帮助。

在此联动过程中，非常需要精神科医生和心理咨询师密切沟通，如果请同时具备两种资质的一位专业人士同时做精神科医生工作和心理咨询工作就更好。如果精神科医生在用药时不考虑心理治疗的空间，就会认为用药的目标是为了“控制症状”。但控制症状有可能造成思维抑制、神经钝化和情感淡漠，或者走到另一个极相，就是情绪过于高亢，整个人完全地亢奋起来，一反之前低落的状态，觉得自己一下子从地狱到了天堂，再也不用去做心理治疗了，这两种情况都不利于心理治疗的开展。

即便控制症状可以帮助抑郁者尽快回归家庭、回归社会、回归生活，但并不代表这种状态可持续，有可能在受到一些冲击或刺激时，会再次陷入抑郁状态。而心理治疗要解决的问题是从认知、情绪模式和行为习惯层面进行探索和修正，是防范复发更有利和有效的疗愈。

2. 药物治疗和物理治疗

电休克治疗并不排除药物治疗，且需要在电休克治疗过程中保持药物治疗。

美国临床经颅磁刺激治疗学会在2016年发布了经颅磁刺激治疗重性抑郁的共识建议，其中包括经颅磁刺激可以结合抗抑郁药或其他精神科药物治疗，目前尚无证据表明经颅磁刺激与药物合用会增加不良事件的风险。这里面主要就是讲经颅磁刺激如果能够跟原有的药物配合治疗效果会更好，不建议停用原有的药物而单独使用经颅磁刺激。

对于抑郁症复发患者，如果之前使用过经颅磁刺激也达到比较好的治疗效果，复发的时候是可以及时采取或者首先采取经颅磁刺激治疗的。大家注意，这里不是说第一次发作抑郁症的患者就直接用经颅磁刺激。对首次发作的抑郁症患者，常常还是会用抗抑郁药物作为首选的治疗方案。

3. 心理治疗和物理治疗

电休克治疗期间的心理治疗比较难实施，因为电休克带来的副作用直接影响心理治疗的效果。但经颅磁刺激治疗不影响心理治疗，所以药物治疗、心理治疗和经颅磁刺激治疗是可以同时进行的。

4. 个体心理治疗、家庭治疗和团体治疗

个体心理治疗是一种纵向治疗，深度了解抑郁者的原生家庭、成长经历和当前困境，家庭治疗是在个体治疗基础上通过家庭动力改善给予助力，动力型团体治疗则是一种横向治疗，通过不同个体之间的互动带来人际关系上的矫正性体验。这些治疗方法配合起来，效果会更好。

综上所述，不同治疗方法有不同优势，如果可以有机结合不同方法的优势，规避劣势，就可以更好疗愈抑郁者。毕竟抑郁症是涉及多维状况的复杂问题，人本身的特质更是具有多样性，所以疗愈方法越是全息，越是有效。

五、抑郁症有哪些治疗形式，这些治疗形式适用于哪些情况

治疗形式是指以怎样的形式接受治疗，主要包括门诊治疗、住院治疗和康复机构治疗。

1. 门诊治疗

门诊治疗是指定期挂号某位精神科医生的门诊进行药物跟进，评估药效、副作用和安全性，调整到最佳药物种类和剂量。治疗频率一般是在初始阶段，每周一次，稳定后每月一次，逐渐拉长到每三个月复诊一次。如果是做心理咨询，就是每周定期到咨询室与咨询师进行心理咨询和治疗。

2. 住院治疗

有些情况下门诊治疗无法获得满意的治疗效果，需要住院治疗。这些情况包括复杂且需会诊判断的病情，中度以上的自杀风险，乱跑、毁物、伤人等紊乱行为，药物治疗效果欠佳，合并严重躯体病症等。

3. 康复机构治疗

康复机构是指在非医院环境下针对已过急性治疗期的抑郁者进

行康复性治疗，包括药物巩固期或维持期治疗、工娱治疗以及功能康复训练等。前面提到的家庭团体治疗就是在康复机构中组织进行的。康复机构治疗兼任着深度治疗、维持治疗和康复的三重功用。

六、如何选择适合自己的治疗方法

基于以上阐述，本章最后来说说抑郁者如何选择适合自己的治疗方法。

再次澄清，每个人的情况都不一样，个体差异性明确存在，因此没有最好，只有适合。

在选择适合自己的治疗方法之前，需要先了解如下几个要点。

要点 1　哪种治疗方法有效率最高？

大数据显示，药物治疗总体有效率在 60%—80%，以笔者个人经验来看，可以达到 90%以上。再次提醒，这里说的有效性只是针对药物能解决的部分，药物不能解决的部分，如自我认知提升、人际关系改善、人生目标探索等，谈不上有效性。电休克治疗针对自杀问题的有效性也在 80%左右。

要点 2　哪种治疗方法起效最快？

药物治疗起效时间是 2—4 周，相对较快。

要点 3　哪种治疗方法最不可或缺？

在重度抑郁者或者急性发病期，最好有一段时间的药物治疗，药物治疗可以在相对快速的情况下稳定病症，为其他治疗创造条件。

要点 4　哪些抑郁者不适合药物治疗？

存在以下情况的抑郁者不一定适合药物治疗，包括药物过敏者、12 岁以下儿童、孕期或者哺乳期女性、躯体疾病造成肝肾功能损伤严重者和对药物严重阻抗者等。

要点 5　哪些抑郁者不适合心理治疗或心理治疗效果不理想?

有些抑郁者因着一些特殊情况，不一定适合做心理治疗，即便做，恐怕效果也不理想。这些情况包括重度抑郁症患者（暂时不适合）、年龄超过 70 岁且认知模式严重僵化者、重度人格障碍者、因受教育水平限制无法理解心理治疗逻辑者以及对心理治疗这种形式有严重偏见者等。

经过本章阐述，希望能够帮助抑郁者对于如何选择适合自己的治疗方法能够有基本认识。

本章闪问闪答

1. 问：抗抑郁药副作用大吗？

答：如果吃对药，积极药效远大于可能有也可能没有的副作用。通常所认为的服药后会变傻、变呆、变钝，是针对大量服用抗精神类药物的可能副作用而言，抗抑郁药不会带来这种副作用。

2. 问：服用抗抑郁药会损伤神经吗？

答：据笔者有限所知，吃对药不但不会损伤神经，还对已经损伤的神经有修复作用。

3. 问：抗抑郁药物有激素吗？

答：据笔者有限所知，抗抑郁药没有激素，即便造成体重增加，也不是所谓的激素造成的。

4. 问：抗抑郁药物会影响孩子的生长发育吗？

答：据笔者有限所知，目前没有研究表明抗抑郁药会影响服药者的生长发育。

5. 问：抗抑郁药物会造成肝肾损伤吗？

答：据笔者有限所知，如果在服药前，没有肝肾基础疾病，在服药过程中罕有出现肝肾损伤的情况；即便有，对肝肾的影响也是轻微的且在停药后迅速恢复正常水平。

6. 问：服药就一定意味着生病了，对吗？

答：如果对抑郁症有病耻感，不愿意因为服药加重病耻感，这种想法可以理解。但如果真的生病了，服药恰恰是尽快消除病症的好方法，可以彻底消除病耻感。

7. 问：私自停药会有什么后果？

答：抑抑郁药物一般在 2—4 周起效。起效后，有些人会觉得自己已经好很多了，可以不吃药了，遂私自停药。结果，刚停药没多久，症状又出现了。这是因为服药时长不够，体内的血药浓度和神经递质浓度都是不稳定的。在停药以后，血药浓度迅速下降，症状随之复燃。最新版本的抑郁症治疗临床指南建议，首诊治疗服药至少一年，停药后复发的概率才会大大降低。

8. 问：药物漏服情况如何处理？

答：漏服是指在规律服药情况下，因任何因素错过了服药时间。漏服的处理原则是要看服用哪种药物，如果是对一天当中的服药时间有明确要求的，那就第二天再服；如果对服药时间没有严格要求，可以在想起来时即刻服药。大部分抗抑郁药漏服 1—2 天，戒断反应不明显(文拉法辛可能会明显一些)。如果漏服超过一周，恐怕要再从低剂量服起，逐渐加量到之前剂量。

9. 问：漏服一天就不舒服，是不是药物依赖了？

答：漏服一天就不舒服很可能是戒断反应。抗抑郁药物的戒断反应和安眠药依赖后的戒断反应有个明显区别，就是抗抑郁药的戒断反应在遵医嘱合理减药过程中，可以不出现，即便出现也是短暂出现，1—2 周即消失，且戒断反应程度很轻。

10. 问：抗抑郁药物有依赖性和成瘾性吗？

答：抗抑郁药物没有生理依赖性和成瘾性，但可能会产生心理依赖，即认为必须要服药，不服药就会旧病复发。

11. 问：药物治疗有效之后就停药，发现症状再次出现，这是药物依赖吗？

答：通常把这种情况叫做停药反应或者回跃反应。这种反应其实并不是药物依赖，而可能是停药方法不对造成的。

12. 问：有没有可能有些抑郁症没有任何药物有效？

答：这种情况非常罕见。不管是单一用药还是联合用药，都会或多或少有效。这种说法很可能是误解了药物可以有效的范围，把根本不是药物司管的范围认为是药物该起效的部分。

13. 问：如果用药觉得效果还不错，但觉得剂量太大，可否自行减量？

答：恐怕不行。不遵医嘱减量容易造成复燃或复发。复燃是指症状尚未完全消失前再次出现症状加重。

14. 问：医生说我要终身服药，我真的需要一辈子服药吗？

答：一般来说，单纯的抑郁症不一定需要终身服药，除非有躯体基础疾病、共病情况、抑郁人格问题或反复多次发作，这些情况可能要长期服药。但笔者一般不用终身服药这种说法，因为谁也无法预测以后抑郁者能不能发生颠覆性改变，就不需要用药了，或者会不会有彻底改变抑郁症的颠覆性用药。

15. 问：抑郁症会自愈吗?

答：轻度抑郁症可以通过心理咨询，也可以通过自助治疗进行自我调整，有自愈的可能。但如果到中度以上，自愈就比较难，通常建议药物治疗。勉强尝试自愈有加重或自杀风险。

16. 问：得了抑郁症治疗多久能好?

答：药物治疗 2—4 周就可以见到明显效果，80％左右的抑郁者可以明显改善情绪兴趣、体力动力、睡眠饮食、注意力记忆力和脑力，并减少自杀想法。心理治疗按照不同治疗目标和治疗方法，大概需要 3—6 个月才能看到明显效果。

17. 问：有没有一针见血、立竿见影有效的新药?

答：2019 年 3 月，美国食品和药物管理局(FDA)曾批准一种名为艾氯胺酮的氯胺酮衍生物药物，用于治疗成人难治性抑郁症和有自杀倾向的重度抑郁症。此药的特点是快速起效，一般在首次给药后 4 小时即可明显缓解抑郁症状。

氯胺酮是毒品 K 粉的主要成分，在过去长达近半个世纪的时间里，氯胺酮一直作为一种标准麻醉剂用于临床实践，直至最近几年它才开始进入精神病学的研究视野。据笔者了解，目前在国内只有北京大学第六医院在尝试用小剂量的氯胺酮来治疗抑郁症，而且是在临床试验阶段，没有公示临床数据。

美国已经有四年的临床试验，从美国报道的一些数据来看，氯胺酮对于缓解抑郁症状的短期效果比较好。但从长期来看，相关的研究数量较少，氯胺酮的长期疗效及安全性尚不清楚。有研究显示，氯胺酮的长期治疗收益因人而异，多数患者会出现病情复发。

综上所述，一针见血、立竿见影地治愈抑郁症是要追求的目标，但是也要看复发的概率。仁者见仁，智者见智，是追求短期内迅速缓解抑郁症状，还是长久的稳定不易复发，每个人的期待可能不尽相同。

18. 问：抑郁症可以根治吗？

答：据笔者有限所知，基于目前的医疗水平，抑郁症暂时是无法根治的。虽然不能被根治，但可以达到临床治愈的效果。愈后基本上没有症状，可以恢复到正常人的生活。但有可能会复发，甚至可能出现多次复发。目前，抑郁症的复发率还是相当高的。

19. 问：双相障碍的治疗方法是什么呢？

答：双相以药物治疗为主，心理治疗为辅。药物以情绪稳定剂，如碳酸锂、丙戊酸盐、拉莫三嗪，联合抗精神病药，如喹硫平、奥氮平、阿立哌唑、利培酮和氯氮平等，有时也会用抗癫痫类药物，如卡马西平和奥卡西平等。药物治疗需要尽快开始，不然发作起来恐怕会严重失控。

20. 问：抑郁症和多动症共病如何治疗？

答：抑郁症与多动症同时存在，这种情况称之为共病。一般情况是以治疗多动为主，首选药物是盐酸哌甲酯，其次选择盐酸托莫西汀，有时是联合用药，在药效和副作用之间取长补短。如果多动症得到控制以后，抑郁还没有好起来，就需要合并使用抗抑郁药物。多动症的治疗除了药物治疗以外，还需要有心理治疗和行为训练。行为训练包括注意力训练、多动、冲动、人际问题、解决问题能力和应对能力训练等。

21. 问：抑郁症在男女两性的表现或治疗上有差异吗？

答：据笔者有限所知，抑郁症发病率在男性跟女性中是不一样的，多种研究表明，女性抑郁症发病率会高些，多数研究认为女性发病率是男性的两倍。这种情况的解释有不同说法，有解释认为是男性不承认自己有抑郁症，在评估时故意减轻症状，造成检出率低；也有解释认为女性有生育特殊情况，激素变化带来抑郁症易感性；还有解释认为女性情绪比较敏感，或较男性有情绪化特点，对事情变化、生活压力有敏感性，反应就会比较大。这些是发病率和表现上的不同，但在治疗上没有根本差异。

22. 问：运动对疗愈抑郁症有帮助吗？

答：运动治疗帮助非常大。好的运动习惯养成后带来的积极效果不亚于药物效果。

23. 问：到哪里找好的精神科医生？

答：目前在国内，精神科诊疗体系主要有两种，一个叫公立体系，一个叫私立体系，两种体系的诊疗模式有很大不同。公立和私立之间的不同更多是体制的不同，并非对医生做优劣的判断。所以，好的精神科医生也是仁者见仁，智者见智。

24. 问：到哪里找好的心理咨询师？

答：心理咨询行业在国内还处于尚未完善阶段，想找到一个好的心理咨询师不容易。给大家提供以下几个维度来做判断，以便参考。

心理学专业背景 心理学专业背景是指是否以心理学相关专业毕业并拿到相应学位，本科或硕士都可以。心理学专业背景提供了系统学习的证明。

专业技术系统受训　高校中的专业学习是在维度和广度上的系统学习，比如发展心理学、社会心理学、生理心理学等，但并非是在一项专门技术上的系统学习。在毕业后，需要再进行一项专项技术的系统学习，比如认知行为疗法、情绪聚焦疗法等。

被督导时长　心理咨询非常需要在实践中有督导，需要督导养成规范性操作。如果按照每周督导一次，一次一小时，那么五十小时就是一年的督导时间。被督导五十小时以上就基本可以应对某种特定问题。

咨询实战时长　心理咨询行业以咨询小时数来作为衡量实战经验的标准。一般来讲，咨询小时数超过 1 000 小时，说明已经有了比较丰富的经验；咨询小时数超过 10 000 小时，基本上可以达到专家水平。

第八章

抑郁症
会复发吗

抑郁症会复发吗

前一章阐述了抑郁症如何治得好，读者很自然就会想问，“治好了会复发吗”“抑郁症可以根治吗”“我这就算康复了吗”“我可以和正常人一样该干吗就干吗了吗”“我再也不会陷入抑郁的痛苦了吧”“我的抑郁症真的就好了吗”。

如果控制住了症状，可以恢复学习、工作、生活，那确实可喜可贺。但同时，还需要有康复的过程和预防复发的训练。

本章将阐述抑郁症如何康复、抑郁症如何预防和抑郁症如何预防复发。

一、抑郁症如何康复

一说到“康复”，大家可能会有一连串的提问：“康复到底是什么概念”“抑郁症治好不就好了吗，还需要康复吗”“抑郁症治好之后如何康复”“抑郁症在哪里康复”“抑郁症康复都需要做什么”“康复有什么用吗”。

在一般认识中，精神心理病症几乎没有预防，也没有康复，连病症初期的及时干预和及时治疗也难以做到，只有到了病入膏肓时的慌忙投医，投医不顺之后的挫败以及一再挫败后的失望和绝望。

抑郁症也需要康复吗？当然需要。

抑郁症的康复到底是什么概念？

抑郁症的康复就是指在抑郁症状基本得到控制后，针对恢复功能和内在机制改变的训练，以期更好回归社会生活和适应环境。

举例来说，如果一个人意外受伤骨折了，需要住院治疗，修复骨折。俗话说“伤筋动骨一百天”，这里说的一百天是指骨折接合需要一百天，那么一百天之后出院回家是不是就可以像之前一样活蹦乱跳，可以去跑步、去踢足球和打篮球呢？恐怕不能。因为骨头虽然接合了，但在这一百天当中肌肉已经萎缩了，韧带已经松弛失去弹性了，动作已经生疏了，这一切都需要功能恢复训练，才能继续做运动之类的事情。

抑郁症也是一样。虽然症状已经控制住了，甚至消失不见了，但功能尚未恢复，社会适应性还不强，内在机制层面的问题也还没有解决。康复是从症状得到控制开始，有时是以临床治愈为起始点，有时在没有达到临床治愈之前就开始了，这样治疗和康复就有一定的重叠期。

临床治愈标准与评估

抑郁症临床治愈是指临床症状70％以上得到控制，残留症状基本不影响生活功能。

临床治愈的评估是由多种方式和维度进行综合判断，通常包括精神科医生的评估、患者主观反馈和家属/家长侧面反馈等方法。精神科医生的评估通常是指住院治疗患者在出院前或门诊治疗患者在经过一段时间的急性治疗期后，由精神科医生通过临床访谈以及对比治疗前后患者症状的量表量化评估结果得出。

不论是精神科医生的临床访谈，还是患者填写的量表评估，又或是家属/家长的侧面反馈，都有可能带有一定的主观成分。正是因为如此，需要医生、患者和家属/家长等多维度综合评估才能提供比较准确的判断。

精神科评估很难单纯通过文字描述来判断，因为评估涉及通过患者本人在表述过程中的语气和语调来判断情绪状态，通过思维逻辑和表达逻辑来判断思维功能是否受损，通过表达内容来判断认知功能有多大程度的偏差，通过用词、表达节奏来判断思维能力水平及固化程度，并要判断情绪情感与认知思维的匹配程度等。最好面对面收集这些信息，这样才准确。

不管是首诊评估，还是结诊评估，都最好是面对面做。如果面对面实在有困难，可以考虑视频咨询。视频评估一般可以收集到全部信息的百分之七八十，基本上也可以做出判断。

如果经过评估认为已经达到临床治愈标准，那就开始着手进行康复。

康复机构在哪里

康复机构是指非医院环境下的精神心理康复训练机构。目前，在全国范围内，专业人员配备齐全的精神心理康复机构数量有限。希望接下来可以在全国主要城市建立更多的康复基地，针对抑郁者实施康复训练。

康复机构做什么

康复机构应该配备有心理咨询师、心理治疗师、工娱治疗师（艺术治疗师、音乐治疗师、运动治疗师及各类表达性治疗师）进行内在机制改变的治疗工作和各类社会功能训练，包括复学训练、复工训练、人际关系技能训练、情绪管理训练和压力管理训练等，也应该有精神科医生定期巡诊，监控和跟进仍在服药的抑郁者的服药情况。

二、抑郁症如何预防

这里说的预防是指在没有得抑郁症之前的预防。预防的概念在国内鲜有人关注。大部分都是在发病严重时才去找医生看病，没发病之前根本想不到要预防。上医治未病，说的就是如何预防。

抑郁症可以预防吗？

前面章节详细分享了抑郁症的影响因素，包括八大内在因素和八大外在因素，以及抑郁者典型的十二种思维方式，这些因素中有些可以预防，有些几乎无法预防。

八大内在因素

内在因素包括基因遗传和人格特质中的内向寡言、多愁善感、压抑克己、孤僻离群、兴趣寡淡、高标准和严要求以及承受力弱和耐受度低。

其中基因遗传因素很难预防，至少从笔者有限的知识和理解来看，伦理范围内暂时无法操作预防基因遗传这个因素。

人格特质方面的特点都是可以在孩子成长过程中关注、培养和训练的。内向寡言的就多和孩子交流，训练语言表达能力；多愁善感的就引导多分享，让情绪感受有出口；压抑克己的就多鼓励表达，以防压不住时的爆发式表达；孤僻离群的就多带动融入人群，教练与人互动的方法，体会与人互动的乐趣；兴趣寡淡的就多陪伴体会不同活动的乐趣，兴趣是绝对可以培养的；高标准和严要求与父母的影响有很大关系，孩子常常是内化了父母的要求成为自己的高要求；承受力弱和耐受度低就更加需要有意识地训练，暴露在可承受的压力之下，陪伴、鼓励、赋能，给孩子承受压力的力量和渡过危机的方法，借此培养孩子的信心和盼望。

八大外在因素

外在因素包括胚胎期的外在环境，成长过程中在家庭、学校和社会环境下所经历的一切事件。

孩子在 0—6 岁时，父母尽可能关注发生在他生活中的每件事，对这些事可能造成的影响进行评估，对严重事件及时干预，引导孩子正确认识，避免打架、欺凌和猥亵等恶性事件在孩子幼小的心灵留下创伤；孩子到了 6—12 岁，父母可以更多和孩子探讨所面临的事件，训练孩子的自主意识和独立判断事物的主见和能力，间接培养孩子的人生观、世界观和价值观；孩子在 12—18 岁，家长就可以更多开放决定权给孩子，让他们自己做决定，并为自己的决定付出代价和承担后果，不断陪伴孩子复盘自己的决定，吸取经验教训，让他下次可以做更明智的决定；孩子 18 岁之后，家长就不要过多干涉孩子的生活，需要逐步退出孩子的人生舞台，做顾问式父母，只在被问及时提供意见建议，甚至都不主动提意见，因为不请自来的意见和建议往往会造成干扰和负担。

十二种思维模式

前面章节具体讲解了抑郁者典型的十二种思维方式，包括爱的超价观念思维、空乏的意义感思维、低自我价值感思维、完美主义思维、条条框框思维、由事及人思维、自我挫败式思维、消极比较思维、悲观归因思维、认知失调思维、丧失目标感思维和环境不可抗力思维。这十二种思维都不是一蹴而就的，而是在漫长的生活过程里逐渐形成的。家长是否能够在这些思维模式的雏形状态时及时发现它们，并有效干预，决定了这些思维是否会继续发展成为主导思维模式。如果家长觉得识别这些思维模式有困难，一方面可以自己不断学习提升，另一方面也可以请专业人员进行评估，并非一定要等到已经达到病症程度了才看精神科医生。

为此，有以下建议供家长参考：

建议 1：持续陪伴 陪伴归根结底是一种爱的表达。所以陪伴是外在形式，内在是在表达爱。如果可以在陪伴时，用语言直接表达爱那就更好。在陪伴过程中，可以培养孩子的兴趣爱好。孩子对某件事是否感兴趣，不单是因为这件事本身是否有趣，而在于陪他的人是谁。

建议 2：规律谈心 规律谈心可以让孩子意识到父母提供给他表达的机会，提供调整互动模式的机会，提供分享难处的机会。这种谈心如果可以通过专属的出游、专属的晚餐等形式进行就更好。

建议 3：排忧解难 在难处时没有得到父母的帮助是孩子对父母怨恨最主要的原因。很多时候，父母都是发号施令，觉得这就是你的事情、你的任务、你的责任，你就应该自己完成。其实，孩子在成长过程中，很多技能还不具备，很多难处需要家长帮助。如果家长不能在孩子有这些难处时伸出援助之手，孩子会生发怨气。当然，帮助时宜依据任务难度选择帮助的力度和方式，以期训练孩子独立解决问题的能力。

建议 4：危机援助 当孩子陷入危机时，如被同学欺凌、被老师责难、被他人不公平对待，家长必须出手，至少从态度上让孩子感受到被保护，否则孩子可能会对家长生发怨恨，久久无法释怀。

基于以上对预防的阐述，最后想谈一谈怎样以平常心看待预防这件事。

理论上来说，我们永远无法防范到所有因素，总有一些情况是我们防范不到的。那些防范不到的情况恰恰是训练孩子承受能力、应对能力和耐受度的好时机。孩子终将需要独自面对社会，面对困难和挑战，面对所有的人生不如意，心理承受力和耐受度的训练是在爱的加持之下最重要的训练。

三、抑郁症如何预防复发

面对抑郁症复发的问题，笔者在首诊治疗过程中会有纠结时刻，要不要实情相告。

在临床上，抑郁者首诊治疗，一般来说应该把全部精力都放在如何疗愈上，基本不会提到会不会复发的问题。即便抑郁者自己问到这个问题，笔者也会提醒，“现在是治疗期间，先不要想复发的问题”。这样回答是为了让抑郁者全力以赴治疗抑郁症，不要想太多。

但如果遇到复发的抑郁者，就会实情相告。实情就是：抑郁症是有可能复发的。不但有可能复发，复发率还挺高。有研究表明，抑郁症在一生当中复发的概率在一半以上，也就是说抑郁者中有一半左右在疗愈之后会再次发作抑郁症，且在一生中大概有四到八次的复发次数。这个数字听起来有点可怕，但话说回来，不管它再可怕，我们也可以不怕它。

抑郁症复发率如此之高，主要和以下因素有关。

因素 1　药物治疗疗程

按照临床治疗指南要求，首诊发作抑郁症，药物治疗疗程需要满足一年以上，复发患者需要更长时间维持治疗。如果没有达到治疗疗程就停药，复发率明显增高。

因素 2　是否接受心理治疗

心理治疗可以解决药物治疗无法解决的问题，从内在机制上改变认知模式、应对模式和提高承受力等内在特质，进而在下次受到压力刺激时，不会造成抑郁反应。

因素 3　是否改变生活方式

生活方式中如果有重大而持续的压力存在，那恐怕很难从压力状态下摆脱，就会时刻有复发的风险。除非心理承受力已经训练到可以承受这种压力，但也需要有适时调节的方法，能够喘口气才行。

另外，就是是否有支柱性活动，或叫锚点支撑，可以在出现刺激时及时带来支撑，比如规律性运动、持续精进的兴趣爱好和稳定的社会支持系统等。

因素4 是否改变内在机制

不管是否接受心理治疗还是自我调整，内在的机制，即认知方式和思维方式，都需要改变，否则一扣动扳机，子弹就发射出去了。

因素5 是否有卡点没有解决

有些抑郁者发作抑郁是因为卡点事件，这种事件持续存在生活和生命中。如果没有解决，就算暂时缓解了症状，也会在卡点事件再次发酵时再次发作抑郁症。

了解了以上容易造成复发的影响因素，就需要在这些因素中体会自己是否已经解决了这些问题，满足了标准，达成了转换和更新。除此之外，还可以考虑成为帮助抑郁症的助人者。

防范抑郁症复发最好的方法就是成为一名帮助抑郁症的人。

在抑郁症康复之后，大脑的神经系统需要不断强化防范抑郁症的知识点和技能训练。如果不强化，就会生疏，就会在再次受到刺激时，无法应对。通过做心理咨询师、做抑郁症相关的讲师或自主写作等方式，把学习过的信息在大脑当中不断重复又重复，不断发展认知重塑能力，让遇到的所有负面因素都可以被认知转换成积极因素。

和别人说要多运动，自己就要多运动。

和别人说要重塑认知，自己也要坚持重塑认知。

和别人说要养成感恩的习惯，自己也要坚持每天感恩。

和别人说对压力源敏感要减少压力源，自己就要在生活里注意减少压力源。

和别人说多亲近自然，多去户外活动，自己也会不断这样做。

这样不断分享，行动认知就越匹配协调，就可以有效防范抑郁症复发。

本章闪问闪答

1. 问：什么是复发？

答：复发是达到临床治愈的标准，甚至已经停药了一段时间后，由于某种原因，再次出现达到诊断标准的抑郁症症状。

2. 问：什么是复燃，复燃和复发有何区别？

答：复燃是指正在治疗过程当中，还没有达到临床治愈或缓解的程度之前，就出现了症状再次加重的情况。复燃简单说就是治疗还没有结束就再次症状加重。复发是治疗已经结束甚至已经停药，然后再次出现症状加重。

3. 问：抑郁症复发率到底有多高？

答：据笔者有限所知，抑郁症复发率在一半以上。

4. 问：有没有抑郁者疗愈后就再也没复发过？

答：当然有，但没复发过的情况不到一半，且目前没复发过，不代表以后也不会复发。

5. 问：抑郁症复发的影响因素和当初首发的影响因素是一样的吗？

答：复发的影响因素除了包括首发的影响因素以外，还包括经历过抑郁症之后对抑郁的认知误解，比如“抑郁症是一定会复发的，我无法逃脱”“我没有办法防范复发，就听天由命吧”“抑郁症复发不可怕，所以无所谓”“抑郁症本身也就那么回事，没那么可怕”“抑郁挺好的，抑郁就不用上班了/上学了”“抑郁是我最好的朋友”。

6. 问：抑郁症复发会比首发更严重吗？

答：不一定，要看复发当下的具体情况。

7. 问：抑郁症复发的治疗难度会比首发更大还是更小？

答：不一定，要看复发当下的具体情况。

8. 问：抑郁症在什么季节容易复发？

答：据笔者有限所知，一般在冬季或初春容易复发。

9. 问：预防抑郁症复发最好的方法是什么？

答：仁者见仁，智者见智。不同观点包括坚持服药不停药，坚持做心理咨询，坚持运动，做抑郁症助人者等。不管怎样，防范复发都离不开改变抑郁的内在机制。

第九章

抑郁者 如何救自己

抑郁者如何救自己

如果有一天，抑郁症真的落到我们身上，我们当如何面对？

如果没有精神科医生、没有心理咨询师、没有家人支持陪伴、没有闺蜜好友倾诉，也没有同病相怜的友人可以彼此理解心声共鸣，我们怎么办？能熬过来吗？

笔者曾在死荫幽谷般的抑郁长河里跋涉蹒跚数年，孤立无援，踽踽前行，仿佛那是一条永远也走不到尽头的漫漫长路。在那条路上，自己耗尽所有力气，幻灭所有遐想，丧失所有盼望，仿佛行尸走肉般空洞无神。忽然有一天，一缕头发在手捋的瞬间轻忽滑落，才意识到抑郁已开始侵蚀身体、销蚀精力、腐蚀元气，连发根都开始摇摆、毛囊都开始屈服、头发都开始逝去。

那是暗无天日的黑洞，不断吞噬残存的心智，不知道哪里有出路。

曾一个人背包走遍祖国十五个城市，心想是不是换个环境，散散心，遇见陌生人，聊聊天，就会好起来。可是，走了一个多月，沿途中，那美山美水美景好像隔了一层膜，怎么也摸不着、碰不到、抓不住，那美食美物美人好像都失了味道，怎么也闻不到、嗅不到、感受不到。才知，自己真的与这个世界隔绝了，真的被这个世界抛弃了，真的被自己的人生离弃了。

拼了命想要感觉到一点什么，可是所有的感官好像都关闭了。

这种可怕的麻木感让人已经没有活着的感觉（后来才明白那些

自残的人为何会自残），就开始病态地锻炼身体。疯狂做俯卧撑，几个、几十个、几百个，双眼紧闭，咬牙切齿，无视身体的极限，不顾酸痛的胀裂，好像要把自己的身体撕裂，好像要把这行尸走肉般麻木的人生撕碎。

有一天，凌晨五点，一个人在渺无人烟、灰暗笼罩的山路上跑步时，忽然有一个声音仿佛从山谷传来，好像从脑海中传来，又好像从过去几年暗黑的生活中传来，说："你已经被离弃了，你死了吧"。刹那间，丧失了所有的力气，跪在空无一人的马路中间，号啕大哭，哭声响彻山谷。

是在那一刻，好像生命没了，也是在那一刻，仿佛真的死了。

没有真的死是因为没有力气死。

没有真的死是因为不知道如何死。

没有真的死是因为对活着还有一丝渴望。

没有真的死是因为对未来还存留的丝缕盼望。

没有真的死是因为对父母还有些许交代的责任。

没有真的死是因为对自己还有交代不过去的期许。

……

回归的路上亦是异常艰难，甚至那时都不知道自己是抑郁了，就更无从下手疗愈自己。

之后的一系列动作不分先后、不分主次，共同联合带来了改变。

包括想起在遥远的地方有妈妈的祈祷，自己也在将死或已死的信心上祈祷；回到人群中，回到可信任的人群中感受被接纳和被爱，可以倾诉和表达；找到爱的人恋爱并结婚，感受自己被填充而完整，开启真正属于自己的生活和人生；继续读书，发挥聪明，挥洒能力，爆发潜力，过关斩将，在学术上创立辉煌战绩；十年间九次失败的考试终于通过，体验到克难制胜的高光时刻；离开原来的工作环境，开始在更开放和开阔的空间做自己喜欢的事，并在这一切当中体会自己是谁，重新界定自己是谁，也更深地认识和明白冥冥之中所受的指引和方向。

多年以后忽然有一天，在某个温暖的午后，虽然还在极为狭窄逼仄的出租房里，还在学术学习压力很大的紧张节奏里，在口袋里没有半分多余的闲钱可以款待自己一些奢侈享受的艰难里，但看着阳光洒在平整的床边，想着与相爱的人全心全意打造爱的空间，体会着那曾经背叛、远离自己的智力、脑力、体力渐渐恢复，且爆发出如破竹之势的能量，心里生发出了一种踏实感，这种踏实感让曾经渐渐离我而去且滑向死亡的生命有了抓手。

当笔者撰写以上这段文字时，心里意识到这段文字可以被用一万种方式误解，因为抑郁症到底如何疗愈，一万个人可以有一万零一个视角和解释。

有人曾说："孙医生没有服药，抑郁症就好了，我也不服药。"

有人也说："孙医生结婚之后，抑郁症就好了，我也要结婚来疗愈抑郁症。"

还有人说："孙医生就是因为换了工作环境，抑郁症就好起来了。"

更有人说："孙医生是因为对造物主的信心才好起来的。"

面对这些断章取义的理解，笔者想澄清的事实是："如果当时身边有药，会义无反顾、毫不犹豫地服药""婚姻初期或许会带来爱的温暖和疗愈，但后期对婚姻的完美期待也是疗愈后濒临复发的刺激因素""如果单单是因为换了环境就可以好起来，那么那一月余的全国游走应该也可以疗愈抑郁症，但事实是没有""当时已经没有对任何人、任何事物或任何超越性的存在保留有任何的信心和盼望"。

不想让自己的疗愈方式带给其他抑郁者任何误解或误导，因为没有任何一种单一的刺激因素可以造成抑郁症的发病，也没有任何一种单一的疗愈因素可以促成抑郁症的疗愈。

任何抑郁者的发病和疗愈都是由多种因素共同作用共同促成的。

想要把任何抑郁者的发病或疗愈归因于任何单一因素的说法都是片面、失衡且容易误导人的。

在市面上看到很多宣传标题，说“你只要做这个或那个，抑郁症就可以好起来了”“某某名人在抑郁症期间，就是躺平过来的”“某某孩子因为学业跟不上，得了抑郁症，换个学校就好了”“某某人因为工作压力太大，得了抑郁症，后来换了个工作就好了”“某某人因为信仰的条条框框压制太重，得了抑郁症，后来放弃信仰就好了”“某某人因为生活太艰难，得了抑郁症，后来有了信仰就好了”。

这些说法都是在用单一维度看待抑郁症的发病和疗愈，或者把个案原理当成普遍规律来应用，实际上都是失衡的看待。

或许这其中有些因素确实在抑郁症的发病和疗愈中起到了重要作用，但绝不是单一因素起的因果作用就可以造成发病或促成疗愈的。或许某个个案通过某种方式疗愈了，但这个方法也只是对那个个案有效，并非表明对其他所有抑郁者也一定有效。这些因素和方法都只是参考，每位抑郁者都需要按照自己个人的情况，找到属于自己的疗愈方式。

自从抑郁症的深渊低谷中走出来，生命有了跨越性的不断升级，好像那许多年被抑郁压制的能量终于爆发出来。

读书期间，通过心理学的系统理论学习和精神医院的临床实践操作，终于明白过去那么多年的痛苦可以用一个词来描述，那就是“抑郁症”，也有机会用专业眼光来拆解自己抑郁症的发病因素和疗愈过程，更有机会成为一名精神科医生和心理咨询师，开始成为一名助人者。

当笔者以精神科医生和心理咨询师的身份面对抑郁者时，在医者和抑郁者的不同角色中来回转换，常常恍惚穿越到当年抑郁的景况下，在重新经历死亡般痛苦的同时，惊醒般意识到，原来曾经那一切的痛苦经历就是为了今天疗愈同样遭遇痛苦的同伴们，原来自己经历的极度至暗是为了带给他人哪怕是一丝丝的破晓曙光，原来今天所帮助到的每一位抑郁者都在增添曾经暗黑天日之上的荣耀光芒。

如今，已走过抑郁的幽谷，开始不断能够体验到抑郁的反面，就是活力、热情和盼望，且体会得更深刻、更强烈。很自然就会想，再也不要回到那幽谷中。今天，此刻，当笔者试图用准确的措辞、充沛的情感和强烈的共情来书写那段经历时，仿佛再次体会谷中幽深、心中幽暗和撕裂之痛。但如果这文字、这情感、这经历可以让那些还在谷中的抑郁者们体会共鸣、体验共情、获得力量，那就在所不惜。

从过来人的角度，如果真的要对抑郁者说点什么，让他们可以在抑郁的至暗时刻有点抓手的话，可能会有以下提议供参考。

参考 1　抑郁症真可怕，但我可以不怕它

经过以上描述，就算你没有得过抑郁症，也应该能够窥见抑郁症之可怕的一鳞半爪。

即便抑郁症如此可怕，你仍然可以不怕它。“怕”是主观认知加工过之后的结果感受，不管客观事实层面上它是多“可怕”，主观认知上都可以界定为“不怕”。

这是一种主观认知上的重新界定能力，这种能力可以扭转你对抑郁症的态度，进而改变行动趋向，借此在行动趋向上不断兑现和夯实“不怕”的实质。

参考 2 抑郁症要我死，但我可以不死

抑郁者很多时候会万念俱灰，会想结束生命，想自杀，想死。但请知道，“想死”和“不想活”是两个概念。其实，如果可以好好地活，谁想死呢？只不过抑郁症让抑郁者不知道如何才能好好地活，觉得实在没有办法，也找不到力量好好地活。除了让身边的人理解自己想死的想法是出于百般无奈之外，也请让自己知道：只要活着，就有希望。

参考 3 如果需要服药，请尽量服药

抑郁症达到严重程度，破坏了脑神经化学平衡，甚至损害了脑神经细胞，造成了脑神经生物学改变，需要服药来改变这一切，及时止损，也尽快缓解症状。

如果对药物有误解、有障碍、有偏见，请尽快了解相关专业信息，消除误解，排除障碍，打破偏见。因为不服药，有可能症状越来越严重，你自认为的自己已经越来越被破坏，越来越不是自己的时候，一切都无从谈起。药物对于重度抑郁症来说，它能带来的益处要远远大于它带来的副作用。

参考 4 找到好的心理咨询师，事半功倍

如果可以找到好的心理咨询师，可以让疗愈的效果事半功倍。优秀的心理咨询师可以共情到点、同理到位、真诚在线，不会肆意评判、不会拔苗助长、不会裹挟操控。好的心理咨询师甚至可以成为人生导师，在疗愈后仍然可以在生命广度的拓展上、在生命层次的提升上、在生命深度的理解上都带来提醒、协助和引导。

参考 5 抑郁症在病时有多痛苦，将来疗愈后就有多快乐

笔者一直认为且相信情绪具有对称性，即某一维度的情绪感受力在一个方向上体会过多深，就在这个维度的另一个方向上具备了体会多深的潜力。抑郁症曾带来多大的痛苦，就具备了体会相应程度快乐的潜力。至于最终是否可以体会到这种对等的快乐，取决于多种因素的影响，包括认知觉察能力、情绪感受能力、逻辑分析能力、复盘思维能力和不确定但也有主动拓展空间的人生际遇等。

参考6 抑郁症带来功能受损，疗愈后不但可以恢复，且功能更好

抑郁症让人本来就敏感的神经系统更加敏感。但在抑郁疗愈后，敏感有潜力变成敏锐，即敏感带来的负面负担感变成敏锐带来的正面优势感。从这个角度来看，抑郁症曾让抑郁者体会到的功能受损恢复后，不仅仅是恢复到原来水平，而是有潜力在原来水平的基础上更上一层楼。不管是情绪感受的敏锐优势、认知理性的归正和强化，还是行为模式在情绪和认知改善基础上的更新驱动，都会带来更上一层楼的功能。

参考7 抑郁之后，请重新界定你的人生

抑郁之后，你已注定不一样。

这种不一样可以是好的不一样，也可以是不好的不一样。但请知道，好与不好，你有很大的决定权去界定。如果固化的认知已经被打开，你会发现抑郁症让你对周围的觉察更加敏锐，对事件或人与人的关系更加豁达，对人生的认识更加通透，这些变化都让你有了过好不一样人生的优势。善用这些优势，人生变不同，最终让抑郁的经历添上荣耀的色彩。

以上是策略原则性的参考，以下是一些具体建议。

建议1 接受视频或语音治疗

如果不想去精神医院，可以在熟悉、安全的家里用视频或语音和医生或咨询师聊聊，根据你对医生或咨询师的体会与感受选择性地分享你愿意分享的部分，渐进式接受专业治疗。

建议2 先让自己睡好和吃好

如果睡眠和饮食不好，情绪、体力和动力就不好。不管怎样，先让自己睡好和吃好。

如果其他方面你都不想处理，可以直接问医生："我怎么才能睡得好""我怎么才能吃得好""我怎么才能有体力"。

很多人误认为改善睡眠的药物或者说安眠药都有依赖性和成瘾性，所以排斥服用这些药物。但其实，并不是所有改善睡眠的药物都有成瘾性，也不是有成瘾性的药物都一定会使人成瘾。一到两个月小剂量用药改善睡眠，成瘾的可能性是非常低的，而且一般来说一到两个月，睡眠的节律就重新建立起来了，所以不需要对安眠药有那么大的恐惧。

建议 3 让自己动起来

如果睡好、吃好了，有体力了，接下来就是让自己动起来。

你说你无法出门，去不了健身房，没关系，在家就可以运动；你说你没那么多力气，做不了一小时运动，没关系，你在家每次做几分钟运动就可以；你说你不喜欢肌肉酸痛感和浑身臭汗，没关系，几分钟的运动不会让你肌肉酸痛，也不会让你浑身臭汗；你说你一个人还是动不起来，没关系，找个闺蜜好友跟你一起动起来；你说你没有闺蜜好友，有也不想找，没关系，跟着在线运动群一起打卡就行，群体带动力在初始阶段很重要；你说你找不到在线运动群，你来找孙医生，他有全免费在线运动群可以带动你打卡。

你问：为什么一定要运动？因为运动就是一剂好药，可以给你疗愈的效果。在运动过程中，大脑会产生多种化学物质，比如内啡肽、多巴胺，从化学层面来改善我们的行为和症状。运动不但可以提升身体技能和素质，还可以训练如何应对困难、如何应对挑战、如何达成目标、如何去训练自信心和自我效能感，体会达成目标后的成就感和价值感，同时训练暂时没达成目标的耐受力。

建议 4 做点家务，烧烧菜

在有了体力之后，除了运动，还可以做家务。

请别小看做家务这件事，家务是可以在最简单层面体会掌控感的事情，因为只要你动手，就可以看到动手的效果。整洁的家庭环境是你一手换来的，也会带来成就感。

烧菜就更有疗愈性。买菜、洗菜和切菜的过程需要行动力，炒菜、闻菜、品尝菜的过程激发视觉、听觉、触觉、嗅觉和味觉等所有感官体验，成品带给家人的美食快乐也会同时带给自己愉悦感和满足感。

建议5　找人聊聊

找人聊聊的悖论在于越抑郁，越不想找人聊；越不找人聊，越抑郁。

所以在抑郁时，如果还有人让你感觉安全、安心，就尽可能找他聊聊。聊的内容也不一定是抑郁相关的内容，可以是生活中的林林总总，细小琐事，无关痛痒，也是接地气的过程。

如果能找到好的专业人士聊聊就更好，可以从专业角度承接你的情绪感受和想法，带动你看到不为你所知的事情与关系的另一面，在被接纳和被共情的前提下带给你觉察、觉知和启发，这种感觉就像做心理按摩，很舒服。

建议6　养个宠物

抑郁者在与人联结的过程中会有困难，那就尝试和小动物联结下。

温顺的小动物不会对人有蓄意的伤害，也不会对人抱有必须满足的期待，而是可以提供不介意的抚摸、无声的倾听和随时随刻的陪伴，这些都是抑郁者需要的，又是从人那里难以获得的。

只是有些抑郁者对小动物产生过度的依附感，一旦小动物有三长两短，恐怕再次经受刺激。那就需要在小动物提供了初步疗愈之后，不要止步于前，觉得好像有了小动物就别无他求了，而是要在此基础上不断提升耐受力和成长力，等到终究敌不过岁月的小动物离开时，你能承受得住。

建议 7　重拾或重建兴趣爱好

重拾过去的兴趣爱好、重建新的兴趣爱好，都可以挑动神经，激发化学反应，提升专注力，体会和感受这个兴趣爱好带来的积极情绪。经常体会这种积极情绪就有助于对抗消极情绪。如果这种兴趣爱好是与人互动达成的，就可以同时促进联结感。

建议 8　写日记

写日记有助于自我探索和自我联结。抑郁者常常跟自己的情绪失联。通过写日记记录经历和感受，既可以表达情绪，疏解情绪能量，也有助于提升情绪觉察力、感知力和与情绪的联结感，带来用理性看待情绪的平衡效果。

建议 9　时限下躺平

如果以上任何建议你都做不到，那就允许自己躺平。让所有的责任、顾虑、担忧都随着躺平的动作放下来，让自己的身心得到重启。

但最好给自己设定一个躺平的时限，一般来说不超过三个月。这个时限是具有神经学原理的，因为神经系统的工作原理决定了一个人在三个月的时间里刚好可以形成一种神经通路，带来一种思维模式和行为模式。如果躺平太久，这种模式被根深蒂固地建立起来，后来想要动起来、站起来就会越来越艰难。

以上建议之所以有效，是因为它们都在一定程度上体现了以下效应。

效应 1　联结感效应

心理学研究显示，抑郁者在病症状态下，情绪低落、动力不足、社交障碍等，这些症状都指向一个核心症状，就是失去联结感，这种失联感是抑郁症的核心症状。凡是有助于重建联结感的方式都有助于疗愈抑郁症。比如,去参加活动,跟人产生互动,建立联结感;出去旅游,到一些美丽的自然风光里面,跟大自然建立联结感;在家里面养一些植物,跟这些植物建立联结感;有些人可以养宠物,跟小生命建立联结感;再比如,写日记,与自己和自己的情绪建立联结感。

效应 2 情绪安身效应

抑郁者很多时候都是因为负面情绪没有落脚点,无处安放,淤积在心,最后造成发病。所以需要提高情绪觉察力,建立对情绪的觉察、命名、管理、表达的能力,需要把情绪放置在一个可安身之处。如果情绪是无处安放的、悬空的、隔离的,常常就会出现问题。所以,想要解决这个问题就需要给情绪一个“安身之处”。这个安放之处可以是大脑的某个角落,将情绪打包暂存在那个角落,封存好,以备后续随时调用。

效应 3 化学效应

人的情绪、感受、意志、行为背后,都有大脑的化学反应在支持。前面提到过的内啡肽、多巴胺、血清素、去甲肾上腺素等,都可以影响和改变情绪状态、认知模式和行为特点。如果在抑郁当下,情绪出问题了,想法和行动也随之受损,那就想方设法通过大脑的化学反应把情绪调整过来、调动起来,你会发现就在一瞬间,想法改变了,身体也随之发生了变化。

有些人对此非常不屑,且持反对态度,认为说:“难道人活着就是靠一些化学物质吗”“难道人的思想就是在被一些化学物质左右吗”“难道人的本质就是一堆化学反应吗”“如果一定要靠化学反应活着,那我宁可不活了”。

这些想法都有道理,但误区在于,人不是单靠化学物质活着,但当化学物质不够时，我们无法正常发挥人类更高级的属性，如情绪之上的情感、情怀和情操，如动力之上的意志、恒心和坚韧，如认知之上的矫正、修复和重新构建。

效应 4　自我效能感效应

自我效能感是指面对事件任务时，评估自己能不能完成任务、达成目标的感觉。如果认为自己能做到，效能感就高，反之就低。如果能成功做到一些事情，就会提升自我效能感，进而提升动力和热情。从一个小目标做起并做到的效能感会以滚雪球之势把抑郁者从困境中带出来。

效应 5　锚点效应

锚点是指在没有力量或不稳定有力量的情况下，充当稳定提供力量的人事物。

比如，一位挚友，无论何时，只要你去找他，他一定站在你的角度理解你、支持你，这样的挚友就可以提供稳定的力量；比如，一种运动，无论何时，只要你做这项运动，不管做的过程中多么痛苦，只要做完就觉得轻松而有力；比如，一项技能，无论何时，只要你用上它，它就带给你活力和热情；比如，一个意象，只要你一想到它，它就给你盼望。

有了以上五点效应发挥作用，就获得了慢慢从抑郁中站起来的力量。如果还是走不出来，请一定记得寻找专业帮助。

本章闪问闪答

1. 问：我有抑郁症，我可以救自己吗？

答：不管你认为自己的情况多糟糕，无法救自己，请始终相信，从人的角度来说，能救你的就真的只有你自己。精神科医生、心理咨询师、家人朋友，都是最多起到外在助力作用，而真实发生效果的是在你的内心。

2. 问：我如果可以救自己，那是不是不需要别人帮助了？

答：这里所说的“救自己”是指如果自己内心不发生效果，外界助力怎么样都无效，但不是说不需要外界助力。

3. 问：如何知道谁可以提供有效的外界助力？

答：谁可以提供有效的外界助力只有你自己知道，因为当外界助力发生时，有效的助力会在你的内心产生共振共鸣效应，你的内心会被触动、会被激荡、会被激发，你就知道这就是有效的助力。

4. 问：如何调和外界助力和自己努力之间的平衡？

答：在初始阶段，抑郁者心有余而力不足，外界助力承担主导角色；在进阶阶段，抑郁者开始有一些力量，可以自主思考、自主做事、自主决定，这时外界助力由主导角色变成辅助角色；在循序渐进过程中，抑郁者可以自己体会何时减少或终止外界助力，让自己内在的力量有更大的发挥空间。

5.问：我可否一直依靠外界助力，这样轻松些？

答：一直依靠外界助力，内在力量得不到充分发挥，内在机制就得不到彻底颠覆，复发风险就变高。

6.问：过早失去外界助力会怎样？

答：过早失去外界助力会让尚不禁风雨的身体和内心承受过大的压力，造成挫败感或症状加重复燃。

7.问：完全不靠外界助力，单靠内在心力可以吗？

答：要看抑郁症严重程度。一般来说，轻度抑郁可以尝试这种方法，但如果到了中度或更严重时，这种做法虽有成功案例，但过程有风险。

8.问：如何确信自己能好起来呢？

答：能不能好起来谁都不知道。谁都不知道自己是那多数的80％，还是少数的20％。但“相信自己能好起来”的心态是真正好起来的必备要素。

第十章

抑郁者
陪伴者建议

抑郁者陪伴者建议

前面九章讲述了关于抑郁症的诸多方面，最后一章想为抑郁者的陪伴者提供一些参考。这是因为在过去这么多年的临床诊疗实践中发现，抑郁者苦，其陪伴者也苦，甚至更苦。他们作为家长、配偶或子女，抑或只是朋友，很想帮助抑郁者，但努力无方，常被埋怨和误解，心里有苦说不出。

如何陪伴抑郁者，让他们感受到被爱、被理解、被懂得、被看见、被扶持，这是一门很深的学问，是很难自己摸索出来的，过程中要付出极为艰辛的代价。

陪伴抑郁者首先需要了解抑郁症到底是怎么回事，需要花大量时间学习抑郁症相关知识，了解抑郁者的心理逻辑、想法来源和思维模式，对症下药去回应抑郁者的表达，走进抑郁者的内心。谈何容易！

有时候，光知道原则还不够，在实践原则过程中发现稍有不对，就会被抑郁者误解，甚至是被抱怨、被发脾气，用心、用力照顾抑郁者很久之后，发现有一天抑郁者面对医生说："谁都不理解我""就连每天照顾我的老公/老婆也不理解我""我父母总是误解我""他们的爱和照顾已经让我觉得是负担了""如果不是他们拖着我，我早就自杀了"。

听到这些话，恐怕那些多年陪伴抑郁者的家人们会百感交集吧。

在陪伴抑郁者的过程中，有以下建议供参考：

建议1 爱的关系

抑郁者首先需要有一个爱的环境和爱的关系。爱的环境的首要特点是接纳，而不是评判。然后是理解，而不是误解。抑郁者很大的痛苦就来源于被最爱的人或家人评判和误解。

建议2 消除压力

压力是很多抑郁者的外在刺激因素。不管什么事件，都可以通过施加压力带来对抑郁者的伤害。如果这种压力是持续性且具有破坏性的，就需要在急性治疗期尽快帮助抑郁者消除或回避压力，避免压力继续造成伤害。

建议3 谨戒责备

在内心已经失去活力和耐力时，抑郁者几乎无法承受责备，即便家人带着关心的责备都会造成压力。所以，不要觉得出于关心，就可以责备，说："你怎么就不能去看医生呢""你怎么就不多出去走走呢""我早就跟你说过，不要做这份压力大的工作，你就是不听""你不要那么事事追求完美，会把你压死的，你就放放手不行吗""你要不听劝，谁都帮不了你"。

建议4 不要说教

分析和说教也是让抑郁者难以承受的方式，像是"我来帮你分析分析，我觉得你的抑郁症就是因为太关注孩子的学习成绩了，几次转学之后，成绩还上不来，这个压力把你给压垮了，你说是不是""我觉得你就是太看重这份工作了，做不好又能怎么样呢，老板不满意又能怎样呢""我觉得你这样的性格就是不能在国企工作，国企领导的要求你永远也摸不透，能把你累死""我们就应该去国外，让孩子学习没压力，我们生活也没压力，就全都好了""你妈的抑郁症估计对你也有影响，那能怎么办呢，你还不得认命吗”之类的。

陪伴者可能会认为只要分析清楚了，就可以执行策略了，执行了就可以走出困境了，其实不然，因为抑郁者没有力量，分析和说教只会徒增压力。当我们说教时，仍然是站在自己的角度，而不是转换视角和思维，站在抑郁者的角度理解他。抑郁者需要的不是头头是道的分析，也不是看似正确的道理说教，而是被理解、被倾听、被接纳。

建议5　引导表达

抑郁者大部分有个特点，就是不知道如何表达自己的负面情绪，以至于很多情绪能量淤积在心里，形成卡点，就像血栓一样。引导抑郁者表达自己的想法和感受，需要给予对方足够的安全感，让抑郁者知道不管我说什么，都不会被责怪或评判。

初始阶段，说着说着，抑郁者可能会有表达过度的倾向，变成大发脾气。如果从来不怎么发脾气，能够把情绪发出来，也是件好事。但后来如何将爆发式愤怒情绪转换成感受式愤怒情绪，就要请专业咨询师来帮助了。

建议6　不要强加

在陪伴抑郁者的过程中，陪伴者需要始终分清楚自己帮助抑郁者的行为更多是出于自己的需要，还是出于抑郁者当事人的需要。有时候，我们并不能分清楚，以为是抑郁者的需要，其实是自己的需要。

举例来说，给抑郁者烧好吃的菜，请他吃，可抑郁者一点胃口都没有，陪伴者如果硬要他吃，就会造成适得其反的效果；又比如，陪伴者要请抑郁者出游，抑郁者不想出去，也不敢出去，因为看到很多人就紧张、心慌、惊恐，陪伴者却坚持要抑郁者出游，说走出去对疗愈有帮助，这种强加的善意也会造成适得其反的效果。

建议7 适时沉默

对抑郁者来说，有时候就需要一个沉默的陪伴，不需要听人说很多话，甚至觉得说好多话很烦。所以，陪伴者需要知道何时讲话合适，何时沉默更好。

建议8 避免冷战

冷战是指在陪伴者与抑郁者发生矛盾后，陪伴者故意不理抑郁者，或者连家都不回。冷战中，抑郁者特别容易胡思乱想，尤其产生自我攻击的想法，觉得自己什么都不好，连最爱他的人他都留不住，都要离开他了。

建议9 多多陪伴

抑郁者有严重的失联感，却又无法走出被隔离的感觉，所以需要外界主动和他建立联结，保持联结。这种陪伴可以是一起做事，一起吃饭，一起娱乐，一起出游，一起沉默。不一定是要做特别花样、别出心裁的事情，这样做反而成为抑郁者的负担。

建议10 提醒服药

如果抑郁者在服药期间，陪伴者有提醒服药的重要责任。可以购买一个药盒用于存放一周的药量，每天的药物都有专属的位置摆放。如果抑郁者忘记服药，陪伴者需要温柔提醒，而不是用责备的口吻，说："你怎么又忘记吃药了""你知道服药对你很重要吗""连吃药你都能忘，你还想不想好起来""我替你操心要到什么时候呢"。

建议11 陪同咨询

如果抑郁者在做心理咨询，在初期不敢一个人见心理咨询师，那就需要陪伴者陪同一起做咨询。有你在，抑郁者就会安心一些，感觉安全一些，也感受到陪伴者的用心。

建议12 防范风险

抑郁者有自杀风险但程度不高，可以在家看护，但需要24小时时时看护。这对陪伴者来说是极大的负担和压力。时时刻刻都在提心吊胆，生怕一不留神，抑郁者就自杀成功了。

不管陪伴者再怎么痛心疾首，以下表达都不一定能帮到抑郁者，比如“你怎么会有这样的想法”“你有考虑过我的感受吗”“你考虑过生你养你的父母吗”“你考虑过孩子吗，他们没有妈妈怎么活”“你可千万不能自杀呀”“如果你自杀，那我就跟你一起死”，其实，这样的反应都不是当事人想要听到的。

这里有几点建议，包括尊重想法、倾听心声、动以真情、重建希望、寻求专业帮助。尊重自杀者的想法，听上去很悖论，也很难做到，但请知道，不尊重抑郁者的自杀想法起到的效果会更糟糕。尊重不代表认可或认同自杀想法。尊重在表达理解，在表达边界，在表达爱意。在尊重的基础上倾听、理解，并表达同在。如果实在不行，还是要及时寻求专业帮助。

建议 13　无限等待

即便做到了以上十二点，也不见得抑郁者就能马上好起来，需要陪伴者有耐心，等待疗愈和康复的到来。这种等待可能会很久，要有足够的耐心。

本章闪问闪答

1. 问：什么样的人可以陪伴抑郁者？

答：抑郁症陪伴者需要在人格特质上不容易抑郁，且对陪伴照顾抑郁者带来的委屈和压力不产生明显的内耗，这样才能持续性陪伴抑郁者。

2. 问：怎样的陪伴会让抑郁症更加严重？

答：凡是让抑郁者形成抑郁的因素加重的方式都会使抑郁症加重。

3. 问：陪伴抑郁者，何时可以采取强制措施？

答：一般来说，只有在抑郁者有明显自杀危机时，陪伴者才可以采取强制措施，安排对抑郁者进行强制住院，以确保生命安全。

4. 问：长期陪伴抑郁者的陪伴者会不会抑郁？

答：常年陪护照顾抑郁者是一件很不容易的事，也是一种压力和刺激因素。在这种压力和刺激因素之下，有的人可能会因此而抑郁，有的人调节好也可能不会抑郁。这就看每个人对这件事情的反应如何。

5. 问：抑郁者的陪伴者自己也抑郁了会让原抑郁者更好还是更抑郁？

答：陪伴者在陪伴抑郁者过程中自己也抑郁了，这既有可能让原抑郁者好起来,也有可能让原抑郁者更抑郁。前者是因为原抑郁者可能会因为陪伴者抑郁而站起来照顾陪伴者,角色互换后,照顾他人的视角使其脱离了自我关注,又从照顾他人中获得了成就感,进而获得更好的动力状态和情绪状态。后者是因为造成陪伴者的抑郁而带来过度的内疚自责,加重了抑郁。

6. 问:如何使抑郁者的陪伴者自己不抑郁?

答:时常觉察自己的情绪状态,如发现抑郁早发征兆,及时寻求帮助;找到适合自己的排解方法,让感受到的内心不适感及时消解;给自己适当的假期,远离抑郁者几天或几周,让自己有喘息之机;不断在陪伴抑郁者过程中看到积极向上的意义感,转换陪伴抑郁者这件事的属性看待。

7. 问:抑郁者和陪伴者会不会相互依赖成共生关系?

答:所谓"依赖共生关系"是指两个人都有一些深层次的心理需要,被这种需求契合在一起,你离不开我,我也离不开你,并在这种关系维系中保持了这种需要被非适应性方式满足的状态,使彼此的问题始终没有完全暴露,也没有真正解决。抑郁者和陪伴者有可能会形成依赖共生关系。

结语

越郁的旅程即将告一段落。

十章内容分别介绍了抑郁症是什么病，具体有哪些症状表现，有哪些影响因素，抑郁者的心理机制和神经病理机制，如何判断、治疗和防范抑郁症，抑郁者如何自救以及陪伴者如何陪伴等主题。

感谢你用心阅读本书，参与这段奇幻的旅程。

经过这段旅程，愿你再看抑郁症时，已经不再是困惑、恐惧抑或痛苦，而是自若、淡定而从容。

这段旅程跨越了地域，穿越了时空，仿佛从过去的死荫幽谷传来痛苦之声，又仿佛从此时越向未来发出响亮的号角。

最后，请记得，就算此时此刻，你身处抑郁的深渊，你并不孤单。

后记

这本书的大部分文字是在一个月之内写出来的，当时和出版社签约时就是想逼自己一把，没想到真的实现了，而且出落得体，超出想象，还提前了几天交稿。

在被灵感浇灌着挥笔如有神的过程中，不断提醒自己：这本书不是我写的。这样提醒自己是因为这本书关乎中国几亿名的抑郁症患者，承载了厚重的意义，深感力不能受。后来发现，再怎么提醒自己，也轻松不起来。写此书过程中，好像再一次经历了抑郁风暴，那死荫幽谷般的黑暗与痛苦扑面而来，挡也挡不住，躲也躲不过。

这种痛苦夹杂着一种反复斟酌、反复确认、反复推敲的内耗感。深知这本书可能会带来的影响力以及误导的说法所带来的破坏力。所以会字斟句酌地看待这本书的每个字，生怕哪里说错了误导了大家。

但每次痛苦时，就想，如果这一点痛苦可以映照千千万万抑郁者的痛苦，让他们借此看到光明，仿佛就有了力量。

同时，也意识到即便尽了最大的努力，也无法完全规避谬误，因为自己本身就是不完美的，也尽量不让自己陷入完美主义的陷阱中。

发现写书和教书有共同之处，就是可以馨香传递，也可以误人子弟。

之前多年，迟迟没有动笔写书，也多次拒绝任教的机会，就是因为觉得自己既专业素养不足，又心性修为不够，不配为师，亦不配著书。

但自从前书《我的孩子怎么了？》发行及高校授课之后带来热烈反响，自己意识到，即便不完美，也有可取之处，能带来参考即感欣慰。

只要带着对不完美的觉察和敞开且谦卑的心态面对著书与为师这两件事，就可以打破内心对修为不够的介怀。

欣喜看到完稿。同时觉察到完稿过程中的能量巨耗带来的反噬危机。

鸣谢

始终感谢我的太太，在撰写过程中的默默支持和祈祷。

感谢两个孩子，愿这本书在他们将来遇到抑郁危机时，亦有帮助和参考。

感谢以下伙伴在转录文稿过程中的大力支持：唐金琴、白云东、王少萍、柳玉山、孙娟、王岳、刘芳、蒋祺祺、彭诗弦、李梦璇。

感谢上海社会科学院出版社的大力支持，感谢责编所做的工作。

感谢每位读者用心阅读，期待你们的反馈。

2024 年 1 月 26 日

图书在版编目(CIP)数据

越郁 ：抑郁症自助手册 / 孙欣羊著 .— 上海 ：上海社会科学院出版社，2024
ISBN 978 - 7 - 5520 - 4374 - 7

Ⅰ.①越… Ⅱ.①孙… Ⅲ.①抑郁—心理调节—手册 Ⅳ.①B842.6 - 62

中国国家版本馆 CIP 数据核字(2024)第 081816 号

越郁：抑郁症自助手册

著　　者：孙欣羊
责任编辑：赵秋蕙　黄婧昉
封面设计：那　轶
出版发行：上海社会科学院出版社
上海顺昌路 622 号　邮编 200025
电话总机 021 - 63315947　销售热线 021 - 53063735
https://cbs.sass.org.cn　E-mail:sassp@sassp.cn
排　　版：南京展望文化发展有限公司
印　　刷：上海颛辉印刷厂有限公司
开　　本：890 毫米×1240 毫米　1/32
印　　张：8.25
插　　页：1
字　　数：197 千
版　　次：2024 年 6 月第 1 版　　2024 年 6 月第 1 次印刷

ISBN 978 - 7 - 5520 - 4374 - 7/B · 350　　定价：48.00 元